Python 程序设计基础教程

主　编◎夏　群　佘佳丽　丁艳艳
副主编◎邓柳英　陈　能

同济大学出版社
TONGJI UNIVERSITY PRESS
·上海·

内容提要

本书是面向大学各专业第一门程序设计课程的教材，以 Python 语言为工具，以计算思维为导向，面向问题求解过程，强调如何分析问题、组织数据并解决问题。

本书包括 Python 概述、变量和运算符、程序控制结构、字符串、列表和元组、字典和集合、函数、文件和数据格式化、程序异常处理、Python 自动化办公，共 10 章内容。本书内容丰富，实践性强，案例生动有趣，并提供微课视频、课后习题参考答案、课件等作为配套电子资源。

本书可作为高校计算机相关专业的配套教材，也可作为 Python 入门程序员的参考用书。

图书在版编目(CIP)数据

Python 程序设计基础教程 / 夏群, 佘佳丽, 丁艳艳主编. --上海: 同济大学出版社, 2025.4. --ISBN 978-7-5765-1596-1

Ⅰ. TP312.8

中国国家版本馆 CIP 数据核字第 2025LD5050 号

Python 程序设计基础教程

夏　群　佘佳丽　丁艳艳　**主编**　　邓柳英　陈　能　**副主编**

责任编辑　屈斯诗　　**责任校对**　徐逢乔　　**封面设计**　渲彩轩

出版发行　同济大学出版社　　www.tongjipress.com.cn

（地址:上海市四平路 1239 号　邮编:200092　电话:021-65985622）

经　　销　全国各地新华书店

排　　版　南京文脉图文设计制作有限公司

印　　刷　启东市人民印刷有限公司

开　　本　787mm×1092mm　1/16

印　　张　17.5

字　　数　426 000

版　　次　2025 年 4 月第 1 版

印　　次　2025 年 4 月第 1 次印刷

书　　号　ISBN 978-7-5765-1596-1

定　　价　68.00 元

编 委 会

主　　编　夏　群　佘佳丽　丁艳艳

副 主 编　邓柳英　陈　能

编写统筹　江西赣江图书发行有限公司

前言

在这个技术日新月异的时代，掌握一门编程语言已经成为一项非常重要的技能。Python 的语法简洁易懂，几乎就像是在阅读自然语言一样，十分适合初学者。同时，Python 也是一门功能强大的语言，在数据分析、人工智能、网络开发等各个领域都有广泛应用。

本书的编写目的是帮助 Python 初学者从零开始学习，无论是完全没有编程经验的初学者，还是有其他编程语言基础的开发者，本书都将为你提供清晰的指导和实用的示例。本书共 10 章，主要内容包括：Python 概述、变量和运算符、程序控制结构、字符串、列表和元组、字典和集合、函数、文件和数据格式化、程序异常处理以及 Python 自动化办公。本书从基础的语法和概念开始，逐步深入讲解更复杂的主题，帮助读者建立坚实的编程基础。并且，通过大量的例子和习题，帮助读者巩固所学知识，并将其应用到实际问题中。同时，将大学计算机基础知识和 Python 相结合，实现 Python 自动化办公。

党的二十大报告提出“用社会主义核心价值观铸魂育人，完善思想政治工作体系，推进大中小学思想政治教育一体化建设”。本书在编写时尤其注重立德树人的理念，融入了适量的课程思政元素，围绕政治认同、家国情怀、文化素养等重点，将学科内容和课程思政有机融合，充分发挥教材的育人作用，全面提高人才培养质量。教材是人才培养的重要支撑，也是引领创新发展的重要基础。为了更好地服务于高水平、科技自立自强、拔尖创新人才的培养，编者根据多年教学经验编写了本书，秉持因材施教的原则，力求与时代发展的要求同步。

本书由夏群、佘佳丽、丁艳艳担任主编，邓柳英、陈能担任副主编。其中，邓柳英编写第 1、5 章，丁艳艳编写第 2、4 章，夏群编写第 3、10 章，佘佳丽编写第 7、8 章，陈能编写第 6、9 章，夏群负责全书统稿工作。

学习编程是一个充满挑战但也非常有趣的过程。希望读者在学习的过程中保持耐心和积极的态度。相信自己，相信自己的能力，相信自己可以成为一名优秀的 Python 程序员！

尽管我们力求精益求精，但书中可能还存在错误或不足之处，欢迎广大读者对本书提出宝贵意见和建议。

编者

2025 年 1 月

教学资源
（含课件、课后习题参考答案）

目录

第 1 章 开始 Python 编程之旅

本章导读

Python 语言以快速解决问题而著称。其特点不仅在于提供了丰富的内置对象、运算符和标准库对象，而且其数量庞大的扩展库更是极大增强了 Python 的功能，大幅度拓展了 Python 的应用范围，其应用几乎已经渗透到了所有领域和学科。

本章将介绍 Python 语言的特点、版本、开发环境安装与配置、编码规范、扩展库的安装、标准库对象与扩展库对象的导入和使用。

学习目标

- 了解 Python 语言的特点和应用领域。
- 掌握 Python 开发环境的搭建。
- 掌握 Python 文件的简单编写及运行。
- 熟悉 Python 的编码规范。
- 掌握扩展库的安装方法。
- 了解标准库与扩展库对象的导入与使用。

学习导航

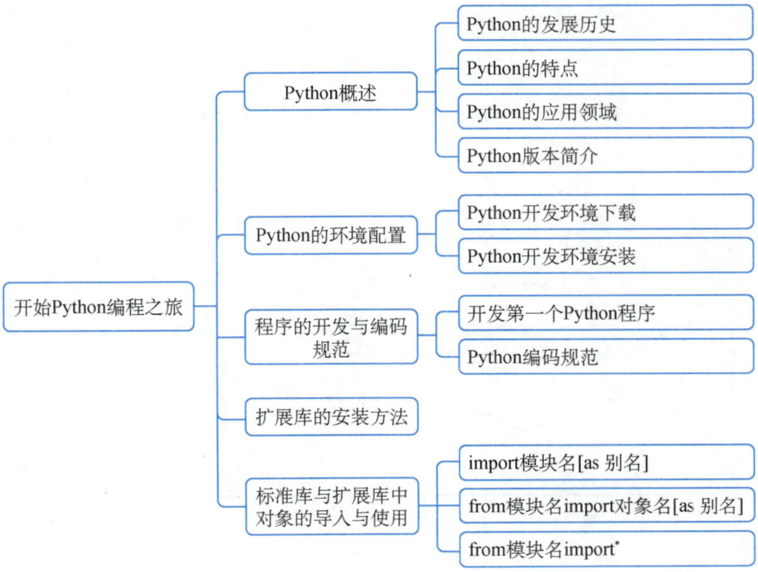

1.1 Python 概述

Python 是一种跨平台、开源、免费的解释型高级动态编程语言，支持命令式编程和函数式编程两种方式，完全支持面向对象程序设计，语法简洁清晰，功能强大且易学易用，最重要的是它拥有大量的、几乎支持所有领域应用开发的成熟扩展库。

1.1.1 Python 的发展历史

Python 的创始人为荷兰人吉多·范罗苏姆（Guido van Rossum）。1989 年圣诞节期间，位于阿姆斯特丹的吉多为了消解节日的乏味，决心开发一个新的脚本解释程序，作为 ABC 语言的一种继承。之所以将该编程语言命名为“Python”（大蟒蛇），是因为吉多是电视喜剧《蒙提·派森的飞行马戏团》（*Monty Python's Flying Circus*）的狂热爱好者。

ABC 是由吉多参与设计的一种教学语言。吉多认为，ABC 是一种优美、强大，且专门为非专业程序员设计的语言。但 ABC 语言并未获得广泛应用，吉多认为这主要是因其非开放性质，因此他决心在 Python 开发中避免出现这一问题。同时，他还想实现曾在 ABC 中设想过但未实现的功能。

可以说，Python 是由 ABC 发展而来，主要受到了 Modula-3（专为小型团体所设计的编程语言）的影响，并且结合了 UNIX shell 的实用特性和 C 语言的使用习惯。

1991 年，第一个 Python 编译器（解释器）诞生了，它用 C 语言实现，并能够调用 C 库（.so 文件）。自诞生之初，Python 就已经具有了类、函数、异常处理、含表和词典的核心数据类型，以及以模块为基础的拓展系统。

Python 已经成为最受欢迎的程序设计语言之一。2021 年 10 月，Python 登顶 TIOBE 编程语言排行榜月度榜首。2024 年 9 月，数据显示 Python 仍占据榜首，见表 1-1。

表 1-1　2024 年 9 月 TIOBE 编程语言排行榜 TOP10

排行	程序语言	流行度
1	Python	20.17%
2	C++	10.75%
3	Java	9.45%
4	C	8.89%
5	C#	6.08%
6	JavaScript	3.92%
7	Visual Basic	2.70%
8	Go	2.35%
9	SQL	1.94%
10	Fortran	1.78%

1.1.2 Python 的特点

1. 简单易学

Python 的设计哲学是明确、简单。Python 的语法极其简单,因此用户能迅速上手,专注于解决问题,而不必深陷于语言本身的复杂性。

2. 免费开源

Python 是自由/开放源码软件(Free/Libre and Open Source, FLOSS)之一。使用者可以自由地发布其副本,还可以阅读、使用和修改其源代码或将部分源代码用于新的自由软件开发中。在软件开发领域,促进团队合作的最有效方式就是开源。软件开源运动的发展,极大地提高了整个人类的工作效率,推动了全社会文明的进步。开源是技术研发的基石,开源已成为全球数字科技创新的大趋势。《中华人民共和国国民经济和社会发展第十四个五年规划和 2035 年远景目标纲要》明确提出,支持数字技术开源社区等创新联合体发展,完善开源知识产权和法律体系,鼓励企业开放软件源代码、硬件设计和应用服务。开源所具有的大众协同、开放共享、持续创新等特点,使参与者直接置身于领先的技术行列,发展开源,将成为我国实现技术创新和突破的有效途径。

3. 可移植性

Python 可在 Linux、Windows、FreeBSD、Macintosh、Solaris、OS/2 和 Android 等平台上运行。

4. 高级解释性

Python 语言是一门高级编程语言,程序员在开发时无须考虑底层细节。Python 编译器将源代码转换成一种称为字节码的中间形式,再将其翻译成计算机能够执行的机器语言并运行。这一机制增强了 Python 程序的可移植性。

5. 面向对象

Python 既支持像 C 语言一样面向过程的编程,也支持如 C++、Java 语言一样面向对象的编程。

6. 可扩展性

如果需要提升一段关键代码的运行速度或者不公开某些算法,可以部分程序使用 C 或 C++编写,然后在 Python 程序中调用这些代码。

7. 可嵌入性

可以将 Python 嵌入 C/C++程序,从而向用户提供脚本功能。

8. 丰富的库

Python 的标准库十分庞大。它可以帮助用户处理各种工作,包括正则表达式、文档生成、单元测试、线程、数据库、网页浏览器、CGI、FTP、电子邮件、XML、XML-RPC、HTML、WAV 文件、密码系统、GUI(图形用户界面)、Tk 和其他与系统有关的操作。Python 除了拥有标准库以外,还支持众多高质量的第三方库,如 wxPython、Twisted 和 Python 图像库等。

9. 规范的代码

Python 采用强制缩进的方式使得代码具有较好的可读性,而且更加清晰和美观。

1.1.3 Python 的应用领域

目前,几乎所有大中型互联网企业都在使用 Python 完成各种各样的工作,比如国际上的 Google、Youtube、Dropbox 等公司,国内的百度、新浪、搜狐、腾讯、阿里巴巴、网易、知乎、豆瓣、汽车之家、美团等企业。概括起来,Python 的应用领域主要有 Web 应用开发、自动化运维、人工智能、网络爬虫、数据分析、游戏开发等。

1. Web 应用开发

尽管目前 PHP、JS 依然是 Web 开发的主流语言,但 Python 的上升势头更为强劲。Python 通过定义 WSGI 标准应用接口,协调 HTTP 服务器与基于 Python 的 Web 程序之间的通信。

Python 配备多种 Web 开发框架,仅需少量代码就能生成一个功能齐全的 Web 服务。其中,Django 和 Flask 使用得较为频繁。Django 集成的功能更多,开箱即用。Flask 轻量快速,只包含核心功能,其他都需要自行扩展。

2. 自动化运维

在很多操作系统里,Python 是标准的系统组件。大多数 Linux 发行版和 macOS 都集成了 Python,可以在终端下直接运行 Python。Python 标准库包含了多个调用操作系统功能的库。通过第三方软件包 pywin32,Python 能够访问 Windows 的 COM 服务及其他 Windows API。使用 IronPython,Python 程序能够直接调用. NetFramework。通常情况下,Python 编写的系统管理脚本,无论是可读性、性能、代码重用度还是扩展性,都优于普通的 shell 脚本。

3. 人工智能

Python 在人工智能的机器学习、神经网络、深度学习等多个核心领域都是主流的编程语言,得到广泛支持和应用。例如,由 Facebook 开发的 PyTorch 和由 Google 开发的 TensorFlow 都采用 Python 语言作为其主要编程语言。

4. 网络爬虫

相比于其他语言,Python 是一门非常适合开发网络爬虫的编程语言,其大量内置包可以轻松实现网络爬虫功能。从技术层面上看,Python 提供很多服务于编写网络爬虫的工具,例如 urllib、Selenium 和 BeautifulSoup 等,它还提供了一个网络爬虫框架 Scrapy。Google 等搜索引擎公司广泛采用 Python 语言开发网络爬虫。

5. 数据分析

Python 拥有非常丰富的库,这使其在数据分析领域也有广泛的应用。随着 NumPy、SciPy、Matplotlib 等众多程序库的开发和完善,Python 越来越适合应用于科学计算和数据分析。Python 不仅支持各种数学运算,还可以绘制高质量的 2D 和 3D 图像。和科学计算领域最流行的商业软件 MATLAB 相比,Python 所采用的脚本语言的应用范围更广泛,可以处理更多类型的文件和数据。

6. 游戏开发

Python 同样广泛应用于网络游戏开发领域。相比 Lua 或者 C++,Python 比 Lua 有更高阶的抽象能力,可以用更简洁的代码描述游戏业务逻辑。与 Lua 相比,Python 支持更多的特性和数据类型,更适合作为一种 Host 语言,即 Python 端更适合作为程序的入口点,C/C++可在高性能要求的特定场景下编写必要的扩展模块。Python 非常适合编写 1 万行代码以上的项目，而且能够很好地将项目的规模控制在 10 万行代码以内。Python 可用于编写游戏的逻辑、服务器。Python 的 PyGame 库也可用于直接开发简单游戏。

1.1.4 Python 版本简介

每种编程语言都会随着新概念和新技术的推出而不断发展，Python 开发者也一直致力于丰富和强化其功能。由于历史原因，虽然早在 2008 年 12 月 3 日 Python 3.0.0 就已被推出，但是 Python 官方一直在同时发行和维护 Python 2.x 和 Python 3.x 这两个不同系列的版本。这两个系列在内置函数、标准库函数的语法和内部实现存在诸多差异，扩展库的用法更是差别巨大，从而导致将 Python 2.x 开发的应用系统升级至 Python 3.x 时异常困难。

2020 年 4 月 20 日发布的 Python 2.7.18 是 Python 2.x 系列的最后一个版本，至此，Python 2.x 系列正式退出历史舞台。

Python 3.x 的设计更加合理、高效和人性化，代码开发和运行效率更高，也更适合海量数据的处理，并且几乎所有扩展库都会和 Python 官方同步推出相应的版本，目前，Python 3.x 已全面普及。Python 3.x 系列包括很多版本，目前最新的分别是 Python 3.12.6/3.11.10/3.10.15/3.9.20，并且 Python 3.13.0 第四个 Beta 版本已发布。本书以 Python 3.x 系列为教学内容。

1.2 Python 的环境配置

在正式学习 Python 开发前，需要搭建 Python 开发环境。Python 是跨平台的开发工具，可以在多个操作系统上进行编程，编写好的程序也可以在不同操作系统上运行。常用的操作系统及说明见表 1-2。

表 1-2　常用的操作系统及说明

操作系统	说明
Wincows	推荐使用 Windows 10 或以上版本。Windows 7 及更早版本的系统不支持安装 Python 3.9 及以上版本
macOS	macOS 系统自带版本是 Python 2.x，需下载对应的安装包安装 Python 3.x 版本
Linux	推荐 Ubuntu、CentOS 等主流 Linux 操作系统版本

下面以 Windows 操作系统为例介绍安装 Python 的方法。

1.2.1 Python 开发环境下载

在 Python 的官方网站中，可以很方便地下载 Python 的开发环境，具体下载步骤如下。

（1）打开浏览器，输入 Python 官方网址 https://www.python.org/，如图 1-1 所示。

（2）当鼠标移动到 Downloads 菜单上时，将显示和下载有关的菜单项。可以看到一个下载最新版本 Python 的按钮。单击该按钮后，将根据用户计算机系统自动下载正确的安装程序。

（3）如果想要安装其他版本的 Python，则点击“View the full list of downloads”进入详细的下载列表。若操作系统为 Windows 7 或以下版本，则在此页面选择 Python 3.9 以下版本进行下载与安装。值得注意的是，需根据操作系统类型（32 位或 64 位）下载合适的安装程序。

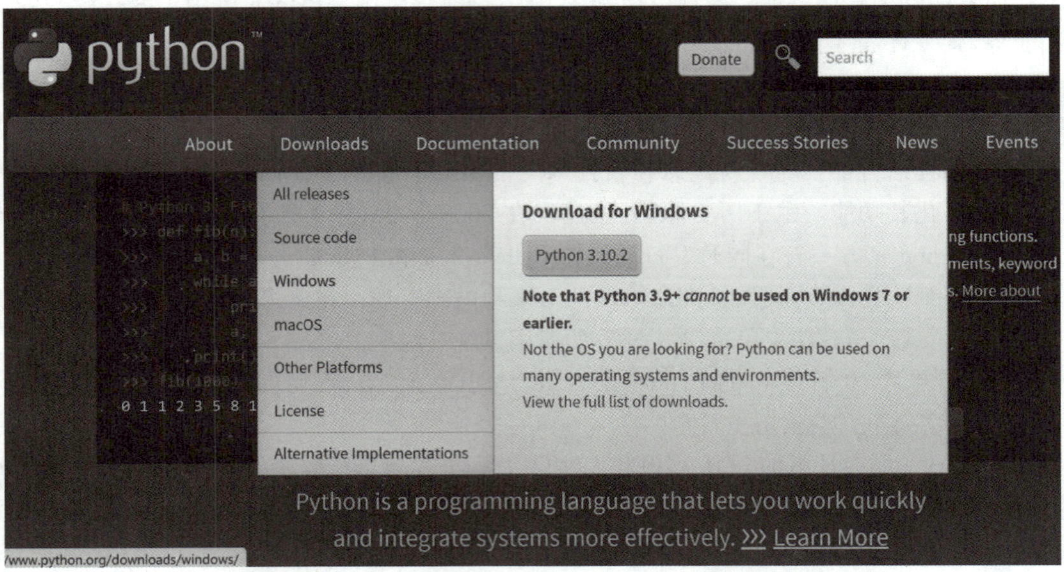

图 1-1　Python 官方网站

1.2.2　Python 开发环境安装

微课：在 Windows 系统中搭建 Python 开发环境

本书以 Windows 64 位操作系统为例，介绍 Python 3. x 的安装步骤。

（1）双击下载后的安装文件 python-3. x-amd64. exe，将显示安装向导对话框。勾选“Add Python（版本号）to PATH”复选框，表示将自动配置环境变量，然后选择自定义安装或默认安装，本例选择自定义安装，如图 1-2 所示。

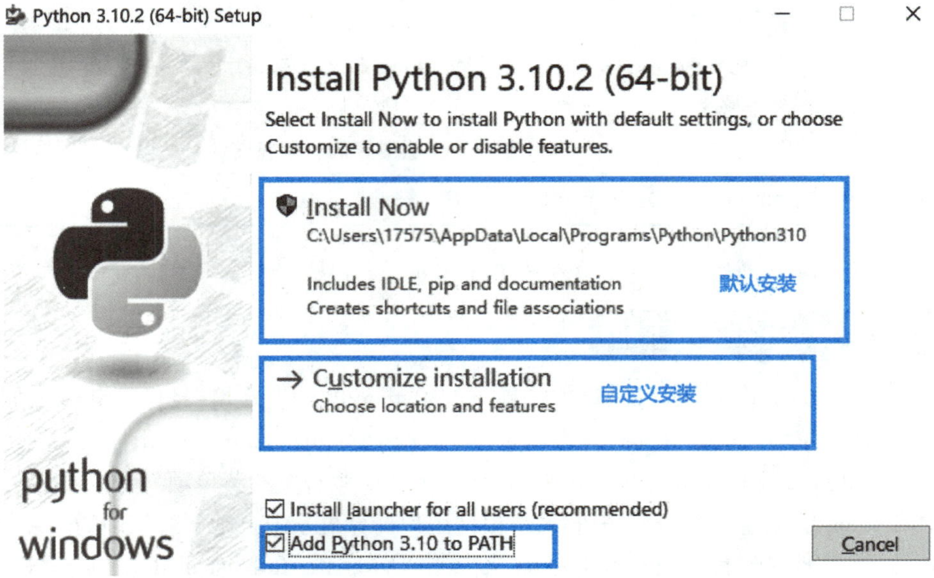

图 1-2　确保选中“Add Python（版本号）to PATH”复选框

（2）单击“Customize installation”按钮，进行自定义安装（自定义安装可以修改安装路径），在弹出的安装选项对话框中采用默认设置，如图 1-3 所示。

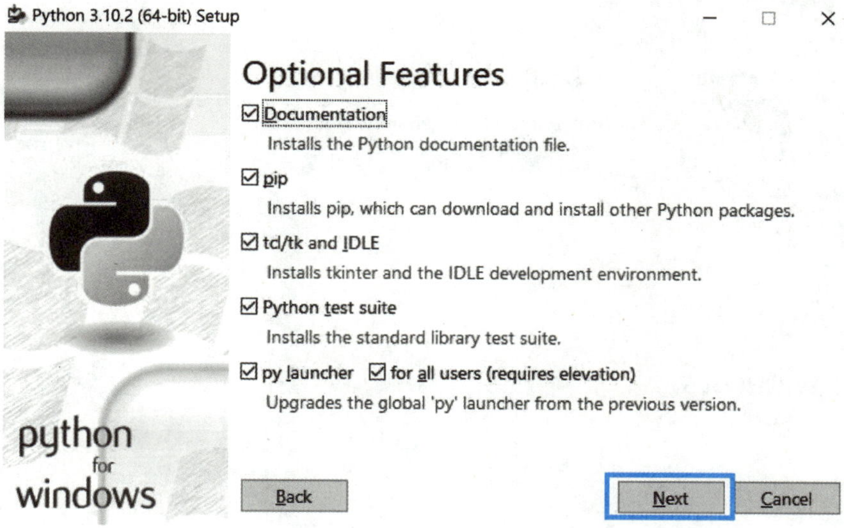

图 1-3　选择 Python 工具包

（3）单击“Next”按钮，打开高级选项对话框。在该对话框中，设置安装路径为 D:\Python310（读者可自行设置路径），其他采用默认设置，然后单击“Install”按钮，如图 1-4 所示。

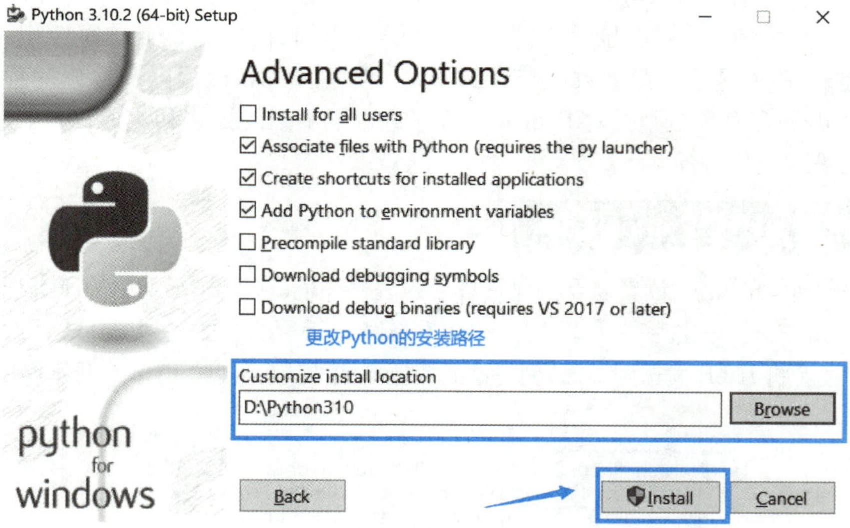

图 1-4　选择高级选项与安装路径

（4）开始安装并显示安装进度，如图 1-5 所示。安装成功后，单击“Close”按钮即可关闭对话框。

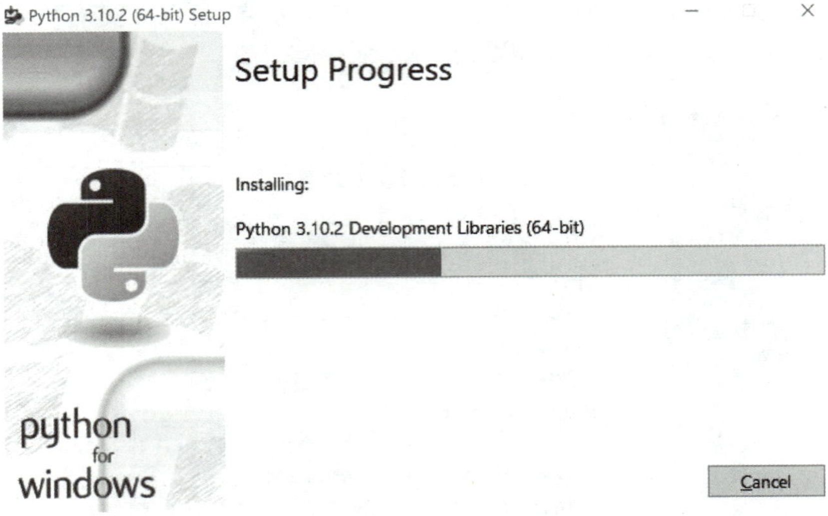

图 1-5　安装进度

1.3 程序的开发与编码规范

开发环境搭建完成以后，本书默认以 IDLE 为示例开发环境。当然，除了 Python 官方安装包自带的 IDLE，还有 Anaconda3、VS Code、wingIDE、PyCharm、Eclipse、zwPython 等多种开发环境可供选择。相对来说，IDLE 在功能上较为简单，但对初学者来说已经够用。IDLE 提供了语法高亮（使用不同的颜色显示不同的语法元素，例如，使用绿色显示字符串、橙色显示 Python 关键字、紫色显示内置函数）、交互式运行、程序编写和运行以及简单的程序调试功能。其他 Python 开发环境则是对 Python 主程序进行了不同的封装和集成，可以使代码的编写和项目的管理更加方便。

1.3.1　开发第一个 Python 程序

微课：开发第一个 Python 程序

根据前面所学的知识，读者需要搭建好自己的编程环境，在“开始”菜单的所有程序中找到 Python3.10，单击后展开即可打开 IDLE，图 1-6 所示的界面就是交互式开发界面。建议读者将 IDLE 发送到桌面，创建桌面快捷方式，以提高后续 Python 开发操作的效率。

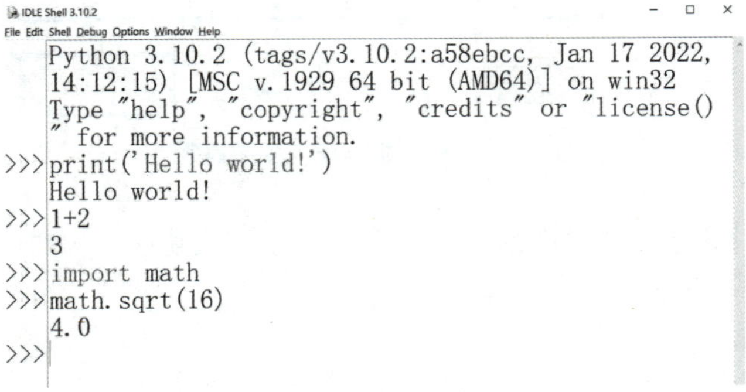

图 1-6　IDLE 交互式开发界面

在交互式开发环境中，每次只能执行一条语句，当提示符“>>>”再次出现时方可输入下一条语句。普通语句可以直接按〔Enter〕键运行并立刻输出结果，而分支结构、循环结构、异常处理结构、函数定义、类定义、with 块等属于复合语句，需要按两次〔Enter〕键才能执行。

如果要执行大段代码，也为了方便反复修改，可以在 IDLE 中选择“File”菜单中的“New File”命令来创建一个程序文件，将要执行的代码写到新建的程序文件中。在新建程序文件界面选择“File”菜单中的“Save”命令保存所编写的程序，文件扩展名默认为.py 或.pyw。编写完成后，按〔F5〕键或使用“Run”菜单中的“Run Module”命令运行程序，结果会显示到交互式窗口中，如图 1-7 所示。

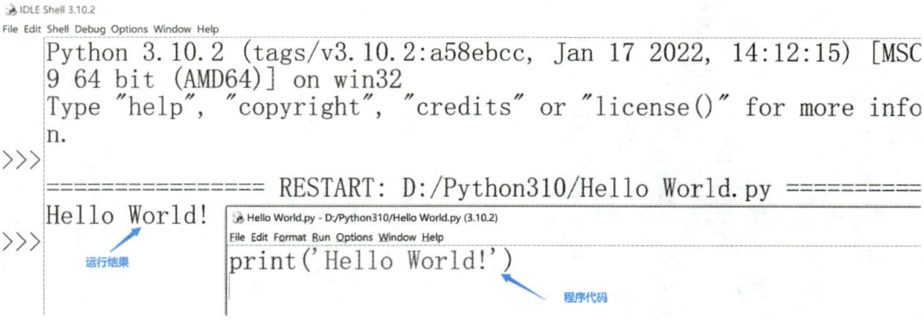

图 1-7　使用 IDLE 编写和运行 Python 程序

微课：Python 编码规范

1.3.2　Python 编码规范

很多编程语言都有其独特的代码风格，有些甚至发展成了一种编码规范。这种规范可以让程序员更好地阅读和理解代码，Python 就是其中最好的例子。Python 非常重视代码的可读性，对代码布局和排版有严格的要求。这里重点介绍 Python 社区对代码编写的一些共同的要求、规范，建议读者在开始编写第一段代码时就遵循这些规范和要求，养成一个好的习惯。

（1）严格使用缩进来体现代码的逻辑从属关系。Python 对代码缩进是硬性要求的，这一点必须时刻注意。在函数定义、类定义、分支结构、循环结构、异常处理结构等结构中，对应的函数体或语句块都必须有相应的缩进，并且一般每一级缩进使用 4 个空格（编辑器都可以完成此功能）。需要注意的是，一般不使用〔Tab〕键缩进（〔Tab〕键仅在已经使用〔Tab〕键缩进的代码中为了保持一致性而使用），且 Python 3.x 中不允许混合使用〔Tab〕键和空格缩进。

例如，对于 if、for 语句来说，语句末尾的冒号以及下一行的缩进表示一个代码块的开始，如果没有缩进，则会发出提醒，如图 1-8 所示。

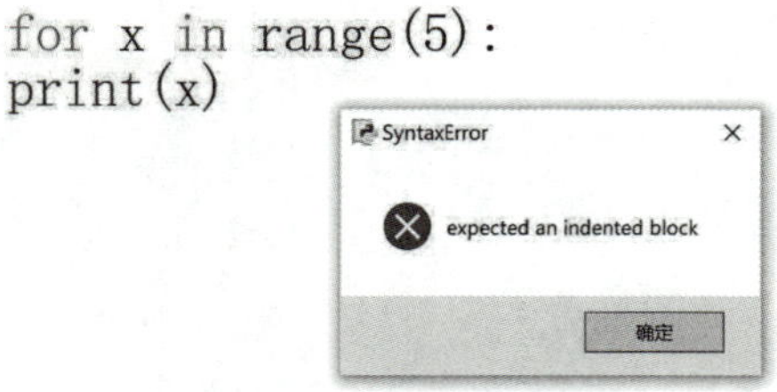

图 1-8　编码规范

（2）对关键代码和重要的业务逻辑代码进行必要的、恰当的注释。在大多数编程语言中，注释是一项很有用的功能，注释对于程序理解和团队合作开发具有非常重要的意义。在 Python 中有两种注释形式：单行注释和多行注释。

单行注释以“#”作为代码开头标识，“#”后面的内容都会被 Python 解释器忽略。示例代码如下所示。

```
#向大家问好
print('Hello everyone!')
```

Python 解释器将忽略第一行,只执行第二行。执行结果如下所示。

```
Hello everyone!
```

多行注释以三个引号开始,三个引号结束。这三个引号可以是单引号,也可以是双引号。需要注意的是,前后的三个引号类型要一致,不能以三个单引号(三个双引号)开始、三个双引号(三个单引号)结束。

示例代码

```
'''print('Hellc everyone!'
        'Hello everyone!'
        'Hello everyone!'
        'Hello everyone!')'''
print('三对单引号已成功注释')
```

(3) 尽量不要写过长的语句。所有行限制的最大字符数为 79 个字符,对于过长的代码,建议进行换行。可以在换行时使用续行符“\”,或使用圆括号“( )”将多行内容隐式地连接起来。

示例代码

```
test='https://blog.csdn.'\
     'net/weixin_45191386/'\
     'article/details/123167144'
test=('https://blog.csdn.'
     'net/weixin_45191386/'
     'article/details/123167144')
```

上述代码等价于

```
test='https://blog.csdn.net/weixin_45191386/article/details/123167144'
```

(4) import 导入通常应逐行进行。

推荐:

```
>>>import os
>>>import sys
```

不推荐:

```
>>>import os,sys
```

建议按标准库、扩展库、自定义库的顺序依次导入。尽量避免导入整个库,仅导入实际需要使用的对象。

1.4 扩展库的安装方法

在 Python 中,库或模块是指一个包含函数定义、类定义或常量的 Python 程序文件,一般不对这两个概念进行严格区分。强大的标准库奠定了 Python 发展的基石,丰富和不断扩展的第三方库是 Python 壮大的保证。进入 PyPI 官网,输入网址 https://pypi.org 即可,如图 1-9 所示。

图 1-9　PyPI 官网

由图 1-9 可以看到目前已发布的扩展库或第三方库已经超过 38 万个,并且还在不断增加。

标准的 Python 安装包只包含了内置模块和标准库,不包含任何扩展库,开发人员应根据实际需要选择合适的扩展库进行安装和使用。Python 自带的 pip 工具是管理扩展库的主要方式,支持 Python 扩展库的安装、升级和卸载等操作。常用的 pip 命令的使用方法见表 1-3。

表 1-3　常用 pip 命令的使用方法

pip 命令示例	说明
pip freeze	列出已安装扩展库及其版本号
pip install SomePackage[==version]	在线安装扩展库的指定版本
pip install SomePackage.whl	通过 whl 文件离线安装扩展库
pip install package1 package2...	依次在线安装 package1、package2 等扩展库
pip install-upgrade SomePackage	升级扩展库
pip uninstall SomePackage[==version]	卸载扩展库

对于 Windows 系统,单击开始菜单中的“运行”选项卡,并在弹出的对话框中输入“cmd”,按〔Enter〕键进入命令提示符窗口。对于 Linux 或者 macOS 系统,则需进入终端 Terminal。在命令行中输入“pip install 模块名”,然后按〔Enter〕键,即可安装相应模块。图 1-10 为正在安装扩展库 pandas(用于数据分析与处理)。

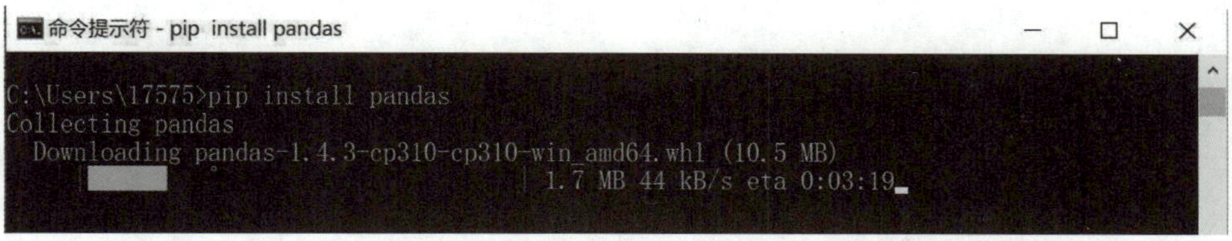

图 1-10　扩展库安装

安装完成后，系统会显示如下信息。

```
Successfully installed ...
```

需要注意的是，在上述安装过程中，须保持网络连接通畅。

如果出现如下命令报告："Requirement already satisfied"，则说明这个模块之前已成功安装。

通常，在 pip 的输出中还可以看到如下内容。

```
WARNING: You are using pip version 21.2.4; however,version 22.1.2 is available.
You should consider upgrading via the 'D:\Python310\python.exe -m pip install --upgrade
pip' command.
```

这并非报错，只是提示用户的 pip 工具不是最新版本，建议用户升级。一般该信息可忽略，不必升级所使用的 pip 工具版本。

模块安装完成后还需检查模块是否安装成功。在命令行中运行 Python 解释器，若 import jieba 没有报错，则说明 jieba 模块已成功安装。然后使用 exit()命令退出解释器，如图 1-11 所示。

图 1-11 检查扩展库安装成功与否

1.5 标准库与扩展库中对象的导入与使用

Python 标准库与扩展库中的对象在使用前必须先进行导入，常见的导入方法有以下三种。

1.5.1 import 模块名 [as 别名]

经由这种方式导入对象后，使用时需要在对象前添加模块名作为前缀，即必须以"模块名. 对象名"的形式进行访问。当模块名过长时，可以为导入的模块重新设置别名，然后通过"别名. 对象名"的方式来使用其中的对象。

示例代码

```
>>>import math                      #导入标准库 math
>>>math.sin(0.5)                    #求 0.5(单位是弧度)的正弦
0.479425538604203
>>>import random                    #导入标准库 random
>>>n=random.random()                #获得[0,1)内的随机小数
>>>n=random.randint(1,100)          #获得[1,100]内的随机整数
>>>import os.path as path           #导入标准库 os.path,设置别名为 path
```

```
>>> path.isfile(r'C:\windows\notepad.exe')
True
>>> import numpy as np                    #导入扩展库 numpy,设置别名为 np
>>> a=np.array((1,2,3,4))                 #通过模块的别名来访问其中的对象
>>> a
array([1,2,3,4])
```

1.5.2　from 模块名 import 对象名 [as 别名]

使用这种方式仅导入明确指定的对象,并且可以为导入的对象设置别名。这种导入方式可以减少查询次数,提高访问速度,同时也可以减少程序员需要输入的代码量,不需要使用模块名作为前缀。

示例代码

```
>>> from math import sin
>>> sin(3)                                #直接输入对象
0.1411200080598672
>>> from math import sin as f             #给导入的对象 sin 设置别名
>>> f(3)                                  #直接使用别名
0.1411200080598672
```

1.5.3　from 模块名 import*

使用这种方式可以一次导入模块中的所有对象,并且可以直接使用模块中的所有对象而不需要再使用模块名作为前缀。

示例代码

```
>>>from math import *
>>>sqrt(9)                                #求平方根
   3
```

一般不推荐使用这种导入方式,一方面,这会降低代码的可读性,导致难以区分自定义函数和从模块中导入的函数;另一方面,这会导致命名空间的混乱,如果多个模块中有同名的对象,则只有最后一个导入对象有效。

知识库

工欲善其事,必先利其器。在开始学习使用 Python 之前,选择一个合适的集成开发环境(Integrated Development Environment, IDE)或者文本编辑器,有利于快速上手 Python,在学习中起到事半功倍的效果。

IDE 总体可以分为两类:文本工具类和集成工具类。

文本工具类 IDE 包括 IDLE、Sublime Text、Notepad++、Vim & Emacs、Atom、Komodo Edit。

集成工具类 IDE 包括 PyCharm、Anaconda & Spyder、Wing、PyDev & Eclipse、Visual Studio、Canopy。

下面介绍几款常用的 Python IDE 工具。

1. Sublime Text

Sublime Text 是一款简单的文本编辑器，可以在任何现代操作系统中安装。Sublime Text 适合初学者使用，同时也深受专业编程人员的青睐。在学习 Python 的过程中，一旦熟练掌握了 Sublime Text，就可以继续利用该编辑器编写复杂的大型项目代码。Sublime Text 支持代码高亮、自动补齐、多种颜色搭配等多种编程风格。Sublime Text 包含正式版和试用版，二者功能接近，试用版会有一定的功能限制。

2. PyCharm

PyCharm 由捷克公司 JetBrains 开发，是唯一一款专门面向 Python 的全功能集成开发环境，也是一个跨平台的 IDE，兼容并支持 Windows、macOS 或 Linux 操作系统。因此，用户可以根据个人需求下载相应的版本。可以说，PyCharm 被认为是 Python 最好的 IDE 之一，同时也是使用最广泛的工具之一。PyCharm 的产品和 Sublime 一样，分为社区版、专业版和企业版。对于绝大多数程序，社区版就可以完成。

3. Eclipse

Eclipse 最初是一款专为 Java 程序员开发的 IDE，提供了很多可自定义功能。目前，Eclipse 是一个常用的、开源的 IDE。用户可以通过 PyDev 在 Eclipse 里配置 Python 开发环境，但相对比较复杂，需要具备较好的专业经验。

4. Anaconda

Anaconda 是一个开源且免费的第三方工具，集成了 800 多个第三方库，包含多个主流的 Python 开发调试环境，适用于数据处理和科学计算领域。Anaconda 具有跨平台兼容性，可以很好地在 Windows、Linux 和 macOS 操作系统上运行。Anaconda 中的 Spyder 是一个在编写和调试 Python 语言方面都非常优秀的第三方工具。Sypder 的优点包括启动速度较快、查看变量方便、功能设计简洁明了、易上手。此外，对于 200 人以内的企业，Spyder 可免费使用。

本章总结

本章首先对 Python 进行了简单介绍，其次介绍了如何在 Windows 系统中安装 Python，以及 Python 程序的运行方式，最后对标准库与扩展库进行说明。本章内容是后续章节的重要基础，应熟练掌握。

课后习题

一、选择题(部分为多选题)

1. 若在屏幕上打印输出“Hello World”,则使用的 Python 语句是(　　)。

A. print('Hello World')　　B. println("Hello World")

C. print(Hello World)　　D. printf('Hello World')

2. 以下 Python 注释代码中,不正确的是(　　)。

A. #Python 注释代码　　B. '''Python 文档注释'''

C. """Python 文档注释"""　　D. //Python 注释代码

3. 下面能够支持 Python 开发的环境有(　　)。

A. IDLE　　B. Anaconda　　C. PyCharm　　D. Eclipse

4. 下面哪些是正确的 Python 标准库对象导入方式?(　　)

A. import math. sin　　B. from math import sin

C. import math.*　　D. from math import *

二、操作题

1. 下载安装 Python(可以选择 Python 3.10 的最新版本)开发环境。

2. 使用 pip 工具安装扩展库 numpy、matplotlib、jieba、pandas、openpyxl 和 django。

三、简答题

阐述导入标准库与扩展库中对象的不同方法之间的区别。

第 2 章　变量和运算符

本章导读

本章将介绍 Python 语言的基本语法和编码规范，并重点讲解 Python 语言的数据类型、运算符、常量、变量、表达式和常用语句等基础知识，为使用 Python 开发应用程序奠定基础。

学习目标

- 掌握 Python 变量的命名规则。
- 熟悉 Python 变量的数据类型。
- 熟悉 Python 中各运算符的使用方法。
- 掌握在 Python 中实现输入和输出的方法。

学习导航

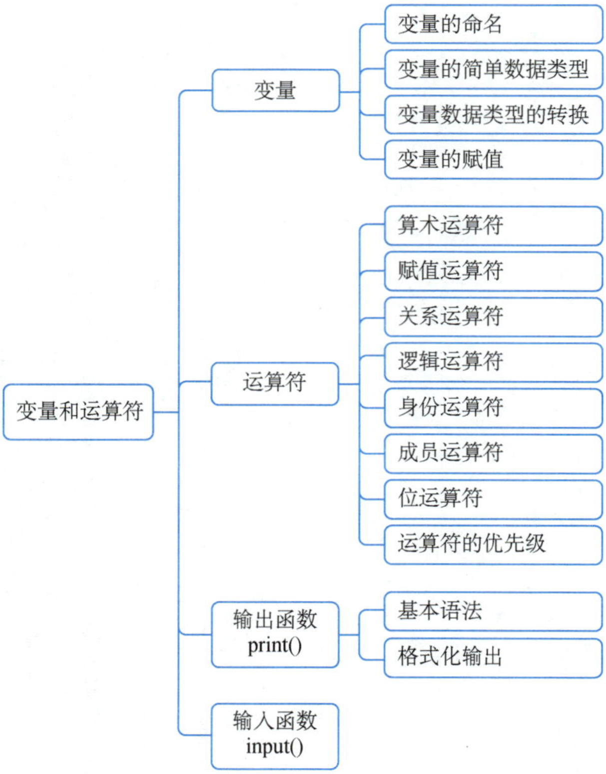

微课:变量的命名

2.1 变量

计算机被广泛使用的原因之一是它很擅长存储信息。信息可以通过多种方法在计算机内永久存储。例如,将信息写入文件或者将其保存到数据库。通常,当一个程序运行时,需要临时存储信息,以便对其进行操作、重新格式化,以及将其与其他信息片段组合或丢弃,从而释放出更多可用内存。为了实现这些功能,程序需要使用变量。

使用变量的主要目的是在程序中存储和操作数据。通过使用变量,开发者可以将值存储在内存中,并在程序的不同部分中调用。这可以使程序更加灵活,可以在不同的上下文中使用相同的值。另外,使用变量还可以更轻松地跟踪和修改程序中的数据,使程序更易于维护和调试。

在程序运行中,变量是未知的、可以改变的量。可以将变量想象成一个包,可以是空包,也可以是装载特定内容的包。我们可以对包中的内容进行清空、转移,或添加新内容等操作。

2.1.1 变量的命名

1. 命名规则

在 Python 中,变量也称为标识符,为了更好地使用变量,变量的命名有如下规则:

(1) 由字母、数字和下划线“_”组成,且不能以数字开头;

(2) 字母区分大小写;

(3) 不能使用关键字。

在 Python 中,查找关键字的方法主要有以下两种。

(1) 打开 IDLE,在交互式界面中的“>>>”标识符后输入“help("keywords")”。

示例代码

```
>>>help("keywords")
Here is a list of the Python keywords.  Enter any keyword to get more help.
False               class               from                or
None                continue            global              pass
True                def                 if                  raise
and                 del                 import              return
as                  elif                in                  try
assert              else                is                  while
async               except              lambda              with
await               finally             nonlocal            yield
break               for                 not
```

(2) 打开 IDLE,在交互式界面中的“>>>”标识符后输入“import keyword”(导入关键字模块)和“keyword. kwlist”(在 keyword 模块下查找关键字列表)。

示例代码

```
>>>import keyword
>>>keyword.kwlist
['False','None','True','and','as','assert','async','await','break','class','continue','def',
'del','elif','else','except','finally','for','from','global','if','import','in','is','lambda','
nonlocal','not','or','pass','raise','return','try','while','with','yield']
```

知识库

在 Python 中,可以使用 import 语句导入所需要的模块,其实质就是在一个文件中导入另一个文件,以便读取所导入文件的内容。在上述查找关键字的案例中,利用 import 语句导入了 Python 的 keyword 模块,该模块含有两个成员,即 kwlist 变量和 iskeyword 函数。其中,kwlist 包含了 Python 中的所有关键字,而 iskeyword 则可用于判定某一个字符串是否为关键字。利用 import 语句导入一个模块后,再引用该模块中的变量和函数,需要在变量名或函数名前添加模块名和英文句点作为前缀。

import 语句可以出现在程序中的任何位置,一般放在程序开头使用。这是因为解释器在执行语句时,遵循作用域原则。如果在顶层导入模块,此时的作用域是全局的;如果在函数内部导入了模块,那么其作用域只是局部的,不能被其他函数使用。因此,当 import 导入模块放置于程序开头时,可以避免重复导入同一模块,提高效率。

import 语句的语法格式如下:

```
import   module
关键字   模块名
```

常用的 import 语句如下:

```
import math         #导入 math 模块
math.pi             #调用 math 模块中的 pi=3.1415926
math.sqrt()         #调用 math 模块中的平方根 square root
math.sin()          #调用 math 模块中的 sin 函数
math.cos()          #调用 math 模块中的 cos 函数
math.floor()        #调用 math 模块中的 floor()函数   向下取整
math.ceil()         #调用 math 模块中的 ceil()函数    向上取整
```

2. 命名方式

常用的变量命名方式有以下三种。

(1) 小驼峰式命名:第一个单词首字母小写,之后的单词首字母大写,如 myName、myFriendName 等。

（2）大驼峰式命名：每个单词首字母都大写，如 MyName、MyFriendName 等。

（3）下划线连接命名：使用下划线“_”连接每个单词，如 my_name、my_friend_name 等。

尽管变量命名的规则相对灵活，但遵循一定的命名标准至关重要。统一且富有意义的命名不仅能提升代码的可读性，便于团队其他成员理解并协助解决潜在的 bug，还能简化代码的后续修改和更新过程，对于保持代码的长期可维护性也至关重要。

知识库

在变量命名方面，一般有以下标准。

（1）变量名应该有意义，能够描述自身所包含的内容，例如，total、username 等。

（2）当在一个变量名中使用多个单词时，应使用下划线分隔单词，而不是直接相连。例如，numberoftoppings 显然不如 number_of_toppings 易于理解。

（3）大多数情况下，变量名应该全为小写。仅当变量值不应被修改时，才将变量名设为全大写，这种变量称为常量。

（4）尽量不使用字母 l、O，避免与数字 1、0 混淆。

2.1.2　变量的简单数据类型

变量包含名字和数据类型两种属性。数据类型是一个值的集合，数据类型决定了如何将代表这些值的位存储到计算机的内存中，以及定义了可以对这些值进行的操作。

数据类型是程序的基础，程序设计的本质就是对数据进行处理。Python 有设计良好的数据类型，以及丰富的内置函数，因此数据处理在 Python 脚本中变得异常简单。在大多数情况下，程序员仅需使用内置数据类型即可满足需求。

Python 的内置数据类型有以下六种。

（1）数值类型：常见的数值数据可分为整型（int）、浮点型（float）、复数型（complex）。

（2）布尔类型：有时也可归为数值类型。

（3）文字序列类型：即字符串（string）类型。

（4）序列类型：列表类型（list）、元组类型（tuple）。

（5）映射类型：字典类型（dict）。

（6）集合类型：集合（set）。

本章重点学习前三种简单数据类型，其他三种数据类型将在后面的章节中介绍。

1. 数值类型

数值类型是程序设计中最基本的数据类型，几乎所有编程语言都提供了对数值类型的支持。在 Python 中，数值类型主要包含整型（int）、浮点型（float）、复数型（complex）三类。

（1）整型数据：整型数据即整数，没有小数部分，但可以有正负号。在 Python 3. x 中，整型数据的值在计算机内的表示并不是固定长度，在内存容量允许的前提下，整型数据的取值范围几乎涵盖了所有整数，这为大数据的处理带来了便利。

在 Python 中，整数常量可以用十进制、二进制、八进制和十六进制来表示。

十进制整数的表示形式与数学中相同，例如 123、-326、0、2022 等。

二进制整数用 0b 或 0B 作为前缀，只有 0 和 1 两个数码，例如 0B1010、0B1110011 等。

八进制整数用 0o 或 0O 作为前缀，一共有 8 个数码，即 0~7，例如 0o367、0o777 等。

十六进制整数用 0x 或 0X 作为前缀，一共有 16 个数码，即数字 0~9、小写字母 a~f 或大写字母 A~F，例如 0xcccc、0x3abcfed 等。

（2）浮点型数据：浮点数表示一个实数。对于浮点数，Python 3. x 默认提供 17 位有效数字的精度。浮点数有两种表示形式，即十进制小数形式和指数形式。

十进制小数形式由数字和小数点组成，例如 1. 23、3. 1415926、0. 0、186. 0 等。此外，十进制小数允许小数点后没有任何数字，这表示小数部分为 0，例如，123. 表示 123. 0。

指数形式是指用科学记数法表示浮点数，用字母 e 或 E 表示以 10 为底数的指数。表示形式为数字部分+字母 E 或 e+正负号+指数部分。其中，数字部分可以为小数，指数部分必须为整数，且数字部分和指数部分必须同时出现。例如，3. 6e123 表示 3.6×10^{123}，2. 39e-9 表示 2.39×10^{-9}。

（3）复数型数据：复数是 Python 内置的数据类型。复数的表示形式为 a+bj，其中 a 为复数的实部，b 为复数的虚部，j 表示虚数单位（表示-1 的平方根），字母 j 也可以写成大写形式 J。在 Python 语言中，可以使用 real 和 imag 属性获取复数的实部和虚部。

例 2-1 输出各种数值类型常量。

参考代码

```
print(123456789)                    #十进制整数
print(0b110111010101011)            #二进制整数
print(0o126731777)                  #八进制整数
print(0x123456789abcdef)            #十六进制整数
print(123.456)                      #十进制小数的浮点数
print(3.2e10)                       #指数形式的浮点数
print(3+4j)                         #复数
print((3+4j).real)                  #查看复数的实部
print((3+4j).imag)                  #查看复数的虚部
```

运行结果

```
123456789
28331
22787071
81985529216486895
123.456
32000000000.0
(3+4j)
3.0
4.0
```

知识库

十进制的算筹记数法

中国古代十进制的算筹记数法，在世界数学史上是一个伟大的创造。与世界上其他古老民族的记数法相比，其优越性显而易见。

古罗马的数字系统没有采用位值制，仅使用 7 个基本符号，因此当需记较大数值时，会十分烦琐。古美洲玛雅人和古巴比伦人都采用了位值制记数，分别使用 20 进位和 60 进位。其中，20 进位至少需要 19 个数码，60 进位则需要 59 个数码，这导致记数和运算变得十分繁复，远不如只用 9 个数码便可表示任意自然数的十进制简洁方便。马克思曾在其《数学手稿》一书中称十进制记数法为“最妙的发明之一”。

算筹计数法以纵横两种排列方式来表示单位数目，如图 2-1 所示。其中数字 1~5 均可用纵横方式排列相应数目的算筹来表示，数字 6~9 则以纵横算筹的上下叠加来表示。表示多位数时，个位用纵式，十位用横式，百位用纵式，千位用横式，以此类推，遇零则置空。这种计数法遵循十进制。可以说，中国古代数学之所以在计算方面取得了许多卓越的成就，在一定程度上归功于符合十进制的算筹记数法。

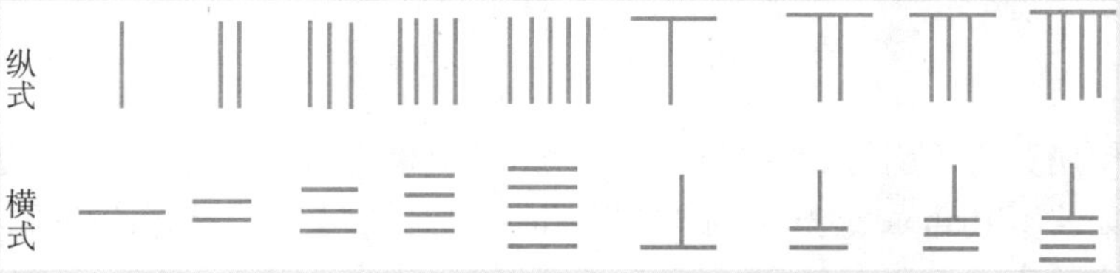

图 2-1　中国古代算筹记数的摆法

2. 布尔类型

布尔类型数据常用于描述逻辑判断的结果。布尔类型数据只有两个值，即逻辑真和逻辑假，分别用 True 和 False 表示。将其他类型的数据转换为布尔值时，数值 0（包括整数 0 和浮点数 0.0）、空字符串、空值（None）以及空集合均被视为 False，其他值均被视为 True。

示例代码

```
a=0                           #整数 0
print(bool(a))
s=" "                         #空字符串
print(bool(s))
lst=[ ]                       #空列表
print(bool(lst))
dic={ }                       #空字典
```

```
print(bool(dic))
a=None                    #None 表示空
print(bool(a))
```

运行结果

```
False
False
False
False
False
```

知识库

布尔类型(boolean type)以英国数学家、布尔代数的奠基人乔治·布尔(George Boole)命名。用布尔运算符连接起来的一个关系表达式或多个关系表达式称为布尔表达式。布尔表达式的值也为布尔值。如果一个表达式里出现两个或两个以上的运算符,则必须规定它们的运算次序。布尔类型在 C99 标准中被引入,专用于表示真假。即,布尔类型只有真或者假两种情况,没有第三种情况。

3. 字符串类型

字符串是使用英文单引号、双引号或三引号(3 个单引号或 3 个双引号)括起来的任意文本序列。例如,' ',' Python '," He said" ,''' hello！ ''',"" ," It's right. " ,'''中国梦'''等,其中,' '和" "表示空字符串。

(1) 在 Python 中,字符串是不可变数据类型,即字符串中的字符不能被改变。每当修改字符串时,系统都将生成一个新的字符串对象。当字符串的对应变量的值发生了改变,那么它对应的内存地址也会发生改变,这种数据类型称为不可变数据类型。

示例代码

```
a="123456"
print(id(a))        #输出变量 a 引用的地址
a="1234567"
print(id(a))        #输出变量 a 更改后引用的地址
```

运行结果

```
2180780346544
2180780346672
```

(2) 如果字符串内容中包含双引号,则可以使用单引号作为界定符,反之亦然。使用单引号或双引号括起来的字符串只能是单行的。多行字符串则需要使用三引号括起来。

示例代码

```
>>>'This is Jason's book'
SyntaxError: invalid syntax
>>>"This is Jason's book"
"This is Jason's book"
>>>a="""
富强、民主、文明、和谐
自由、平等、公正、法治
爱国、敬业、诚信、友善
"""
>>>print(a)
富强、民主、文明、和谐
自由、平等、公正、法治
爱国、敬业、诚信、友善
```

如果字符串内部既包含单引号又包含双引号，则可以用转义字符来标识。

转义字符是一些特殊字符，以反斜杠(\)开头，后面为一个或多个字符。转义字符具有特定的含义，不同于字符本来的意义。常用的转义字符见表 2-1。

表 2-1　常用的转义字符

转义字符	描述	转义字符	描述
\0	空字符	\n	换行符(LF)
\\	反斜杠(\)	\t	水平制表符(Tab)
\'	单引号(')	\v	垂直制表符(VT)
\"	双引号(")	\r	按〔Enter〕键(CR)
\a	响铃	\ooo	八进制数 ooo 表示的字符
\b	退格(Backspace)	\xhh	十六进制数 hh 表示的字符

例 2-2　在字符串中使用转义字符。

参考代码

```
#在字符串中使用转义字符\n 和\t
print("编程语言排行榜:\nPython\tC\tJava\tC++")
#在字符串中使用单引号
print('\'Python\' is my favorite subject.')
#在字符串中使用双引号
print("\"class\" 是 Python 语言中的关键字。")
```

运行结果

```
编程语言排行榜:
Python C Java C++
```

```
'Python'is my favorite subject.
"class" 是 Python 语言中的关键字。
```

如果不想让转义字符生效，可使用 r 或 R 定义原始字符串，以显示字符串原来的意思。例如，用 print()函数输出“r"\t\n"”时将得到“\t\n”。

示例代码

```
str1="Hello\nPython"
print(str1)
str2=r"Hello\nPython"
print(str2)
```

运行结果

```
Hello
Python
Hello\nPython
```

（3）字符串不同于数值类型数据，当字符串为表达式时，程序无法直接进行计算并得出结果，只会输出字符串中所有的内容。

示例代码

```
>>>"3*9+8"
3*9+8
>>>3*9+8
35
```

这时，可以借助 eval()函数，来实现字符串中表达式的计算。eval()函数可执行一个字符串的数学表达式，然后返回计算的值。

这个功能对于程序设计很有帮助。例如，要设计计算器程序(Calculator)，可以使用字符串方式记录所输入的计算式，再直接使用 eval()函数输出执行结果。

示例代码

```
print(eval("3*9+8"))
x=10
print(eval("x+12"))
```

运行结果

```
35
22
```

2.1.3 变量数据类型的转换

当通过赋值创建变量时，Python 会根据表达式的值来确定变量的数据类型。使用

type( ) 函数可以检测变量的数据类型。

若 type( ) 函数显示<class 'int'>,则为整型数据。

若 type( ) 函数显示<class 'float'>,则为浮点型数据。

若 type( ) 函数显示<class 'bool'>,则为布尔类型数据。

若 type( ) 函数显示<class 'str'>,则为字符串类型数据。

示例代码

```
>>>x=10
>>>print(x)
10
>>>print(type(x))
<class 'int'>

>>>y=2.14
>>>print(y)
2.14
>>>print(type(y))
<class 'float'>
```

在实际应用中,还可以根据需要对变量进行类型转换。例如,想要打印一个数字时,需要将其转换成文本,使其能够出现在屏幕上。Python 的 print 命令可以实现这项需求。若仅需转换变量的数据类型,而无需打印,这个过程称为类型转换(Type Conversion)。

在 Python 中,类型转换指基于原数据创建新的、所需的数据。表 2-2 列出的函数能够实现数据类型的转换,这些函数统称为数据类型的转换函数。

表 2-2　数据类型的转换函数

函数	作用
int(x)	将 x 转换成整型
float(x)	将 x 转换成浮点型
str(x)	将 x 转换成字符串类型
list(x)	将 x 转换成列表类型
tuple(x)	将 x 转换成元组类型
dict(x)	将 x 转换成字典类型
set(x)	将 x 转换成集合类型
bool(x)	将 x 转换成布尔类型
eval(str)	计算在字符串中的有效 Python 表达式,并返回一个对象
chr(x)	将整数 x 转换成一个字符
ord(x)	将一个字符 x 转换为与其对应的整数值,即 ASCⅡ 值
round(x)	按"四舍六入五留双"的规则将浮点数转换为整数

这些函数后面有小括号，是因为它们不是 Python 关键字（如 print），而是 Python 的内置函数（function）。后面还会学习更多有关函数的内容。

1. 整型转换为浮点型

通过 float( ) 函数将整型数据转换为浮点型数据。

示例代码

```
#整型转换为浮点型
a=24
b=float(a)
print(a)
print(b)
```

运行结果

```
24
24.0
```

注意：变量 b 为小数意味着这是一个浮点数而不是整数。变量 a 保持不变，这是因为 float( ) 函数不会改变原来的值，而只是创建一个新的值。

2. 浮点型转换为整型

通过 int( ) 函数将浮点型数据转换为整型数据。

示例代码

```
#浮点型转换为整型
c=38.5
d=int(c)
print(c)
print(d)
```

运行结果

```
38.5
38
```

上述代码创建了一个新的整数 d，因此在使用 int( ) 函数时，变量 d 为 c 的整数部分。

3. 字符串类型或布尔类型转换为整型

通过 int( ) 函数将字符串类型数据或布尔类型数据转换成整型数据。

示例代码

```
#字符串类型转换为整型
>>>int("666")
666
>>>"6"+"9"
69
```

```
>>>int("6")+int("9")
15
>>>int("我爱 PYTHON")
  File "<pyshell#0>",line 1,in <module>
    int("我爱 PYTHON")
ValueError: invalid literal for int() with base 10:'我爱 PYTHON'
#普通的文本无法转换,会报错,只有数字加上引号才可以转换
#布尔类型转换为整型
>>>int(True)
1
>>>int(False)
0
```

4. 整型或布尔类型转换为字符串类型

通过 str( ) 函数将整型数据或布尔类型数据转换成字符串类型数据。

示例代码

```
#整型转换为字符串类型
>>>a=str(3)
>>>a
"3"

>>>str(200)+str(50)
"20050"

#布尔类型转换为字符串类型
>>>str(True)
"True"
>>>str(False)
"False"
```

5. 整型或字符串类型转换为布尔类型

可以通过 bool( ) 函数将整型数据转换成布尔类型数据。

示例代码

```
#整型转换为布尔类型
>>>bool(1)
True
>>>bool(-1)
True
>>>bool(0)
False              #除了 0,其他整型数据都转换为 True

#字符串类型转换为布尔类型
```

```
>>>bool("  ")
True
>>>bool("asd")
True
>>>bool("")
False                 #仅当数据为空字符串时转换为 False
```

例 2-3 现有 x=123.456,y="A",z="汉",请分别使用各种不同数据转换函数对其进行数据类型转换。

参考代码

```
x=123.456
print("变量 x 转换为整数:",int(x))
print("四舍六入五留双:",round(x))
print("转换为字符串:",str(x))
y="A"
print("变量 y 字符:",y)
print("ASCII:",ord(y))
z="汉"
print("变量 z 字符:",z)
print("Unicode:",ord(z))
```

运行结果

```
变量 x 转换为整数:123
四舍六入五留双:123
转换为字符串:123.456
变量 y 字符:A
ASCII:65
变量 z 字符:汉
Unicode:27721
```

2.1.4 变量的赋值

微课:变量的赋值

1. 变量的赋值

变量指向各种类型数值的名字,当需要再次使用这个值时,直接引用名字即可,无须重写。在 Python 中,等号(=)是赋值符号,可以把任意数据类型赋值给变量。赋值语句的一般语法格式如下:

```
变量=表达式
```

变量的赋值方式包括单变量赋值和多变量赋值。

示例代码

```
a=1              #单变量赋值
print(a)
b=1.8            #单变量赋值
print(b)
c="Python"       #单变量赋值
print(c)
a=b=c=10         #多变量赋值
print(a,b,c)
a,b,c=10,20,30   #多变量赋值
print(a,b,c)
```

注意：

(1) 在使用变量前需要对变量进行赋值。对于未赋值的变量，编译器会发出警告或错误提示。例如，定义一个变量为 abc，不赋任何值，其输入及结果如下：

```
>>> abc
Traceback (most recent call last):
File "<stdin>",line 1,in <module>
NameError: name 'abc' is not defined
```

(2) 同一个变量可以反复赋值，而且可以是不同类型的变量。

示例代码

```
a=1
print(a)
a="Python"
print(a)
```

(3) 赋值语句中的等号不能等同于数学中的等号。在编程语言中，赋值语句会先计算右侧的表达式，得到结果后，再赋给左边的变量。

示例代码

```
>>>a=100
>>>a=a+200
>>>print(a)
300
```

(4) 变量中存放的并不是该数据对象的值，而是该数据对象的内存地址。这种通过内存地址间接访问数据对象的方式称为引用。使用内置函数 id( ) 可以获取由变量引用的内存地址。

示例代码

```
x=123
```

```
print("变量 x 引用的值:",x)
print("内存地址:",id(x))
x="Python"
print("变量 x 引用的值:",x)
print("内存地址:",id(x))
y=x
print("变量 y 引用的值:",y)
print("内存地址:",id(x))
if x is y:
    print("变量 x 和 y 引用的是相同的对象")
```

运行结果

```
变量 x 引用的值:123
内存地址:1863351584
变量 x 引用的值:Python
内存地址:2218650007904
变量 y 引用的值:Python
内存地址:2218650007904
变量 x 和 y 引用的是相同的对象
```

2. 赋值语句的应用

赋值语句的经典应用之一是交换两个变量的值。这一操作可以通过两种常用的方法实现。

示例代码

方法一:借助第三个变量。

```
a=10
b=20
t=a
a=b
b=t
print(a,b)
```

方法二:通过多变量的赋值。

```
a=10
b=20
a,b=b,a
print(a,b)
```

运行结果

```
20,10
20,10
```

2.2 运算符

运算符用于指定对数据进行各种运算。Python 提供了丰富的运算符,按照功能可分为算术运算符、赋值运算符、关系运算符、逻辑运算符、身份运算符、成员运算符以及位运算符等;按照操作数的数目可分为单目运算符、双目运算符以及三目运算符。运算符具有不同的优先级(从高到低)和结合性(从左到右或从右到左),在不用圆括号的情况下,优先级和结合性决定了运算的先后次序。

2.2.1 算术运算符

算术运算符可以用于对操作数进行算术运算,其运算结果是数值类型。Python 提供的各种算术运算符见表 2-3。

表 2-3　Python 中的算术运算符

运算符	描述	用法示例	说明
**	幂运算	3 ** 2 返回 9	—
//	整除运算,返回商	16//3 返回 5	向下取整
%	整除运算,返回余数	16%3 返回 1	—
*	乘法运算	3 * 5 返回 15	—
/	除法运算	6/2 返回 3.0	结果一定是浮点型
+	加法运算或正号	3+2 返回 5,+2 返回 2	—
-	减法运算或负号	3-2 返回 1,-2 返回-2	—

Python 遵循运算的优先级,因此算术表达式总是按照以下顺序进行运算:

(1) 计算圆括号内的项目。

(2) 进行幂运算和根运算。

(3) 进行乘法和除法运算。

(4) 进行加法和减法运算。

在 Python 中,方括号和花括号用于其他特定的内容。因此,使用圆括号来表示运算的优先级,提升可读性。

示例代码

```
>>>5+7*2
19
>>>5+7**2
54
>>>(5+7)*(3+2*6)
180
>>>3*(4*(5+2))
```

```
84
>>>8//2
4
>>>16%5
1
```

知识库

示例代码

```
>>>0.1+0.2
0.30000000000000004
>>>print(0.1+0.2)
0.3
```

Python 存储的所有数都是二进制。对于 0.1 和 0.2 之和，Python 会用足够多的二进制位(比特)创建一个浮点数(小数)来保证 15 个小数位。不过，这个二进制数并不完全等于 0.3，只是相当接近。在此例中，误差为 0.000000000000004。这个误差称为舍入误差(Round-off Error)。

在交互模式中键入“0.1+0.2”这个表达式时，Python 会显示它存储的原始数值，包括所有的小数位。使用 print()函数时，会根据默认的格式化规则得到预期结果。

所有计算机语言中的浮点数都存在舍入误差。虽然使用不同的操作系统或者不同的计算机语言，所得到的位数可能有所不同，但它们都会使用相似的基本方法来存储浮点数。

通常，舍入误差很小，对最终结果的影响可以忽略。

2.2.2 赋值运算符

在编程语言中，等号(=)作为赋值运算符，其含义不同于数学中的等号，而是指将等号右侧的结果赋值给等号左侧的变量。

例如，定义变量 num=1，指首先计算等号右边的值，然后将这个计算结果赋值给等号左边的变量。此时 num 变量就是数值 1 在内存中的引用地址。在后续代码中，当想使用数值 1 时，只需通过变量 num，即可读取其所对应的内存地址中的数据，也就是 1。

赋值运算符有两大类，分别是简单赋值和复合赋值。

(1) 简单赋值

简单赋值包括直接赋值和链式赋值。直接赋值就是通过等号将右边的数字、字符串、逻辑值直接赋给左边的变量，例如 a=2，b="python"，c=True 等。链式赋值就是通过多个等号和多个变量的组合来赋值，例如 a=b=c=2，x=y=z="python"等。执行顺序均是从右到左。

(2) 复合赋值

Python 提供的复合赋值运算符见表 2-4。

表 2-4　Python 中的复合赋值运算符

运算符	描述	用法示例
+=	先加后赋值	a+=b 表示 a=a+b
-=	先减后赋值	a-=b 表示 a=a-b
*=	先乘后赋值	a*=b 表示 a=a*b
/=	先除后赋值	a/=b 表示 a=a/b
//=	先整除后赋值	a//=b 表示 a=a//b
%=	先取余后赋值	a%=b 表示 a=a%b
**=	先次方后赋值	a**=b 表示 a=a**b

示例代码

```
A=21
B=10
C=0
C=A+B
print("C1 的值是:",C)
C+=A
print("C2 的值是:",C)
C*=A
print("C3 的值是:",C)
C/=A
print("C4 的值是:",C)
C=2
C%=A
print("C5 的值是:",C)
C**=A
print("C6 的值是:",C)
C//=A
print("C7 的值是:",C)
```

运行结果

```
C1 的值是:31
C2 的值是:52
C3 的值是:1092
C4 的值是:52.0
C5 的值是:2
C6 的值是:2097152
C7 的值是:99864
```

2.2.3 关系运算符

关系运算符亦称比较运算符,用于比较两个操作数的大小,其运算结果是一个布尔值。关系运算符的操作数可以是数字或字符串。若操作数是字符串,系统则会从左向右逐个比较每个字符的 Unicode,直到出现不同的字符或字符串为止。最后返回结果为布尔值 True 或者是 False。Python 提供的关系运算符见表 2-5。

表 2-5　　Python 中的关系运算符

运算符	描述	用法示例
==	等于	1==5 返回 False,"xyz" =="XYZ" 返回 False
<	小于	3<7 返回 True,"python" < "Python" 返回 False
>	大于	8>5 返回 True,"live" > "love" 返回 False
<=	小于等于	4<=7 返回 True
>=	大于等于	2>=2 返回 True
!=	不等于	4!=8 返回 True

示例代码

```
>>> a=10
>>> b=20
>>> a==b
False
>>> a!=b
True
>>> a>b
False
>>> a<b
True
>>> a>=b
False
>>> a<=b
True
>>> a+10>=b
True
>>> a+10>b
False
>>> a<=b-10
True
>>> a<b-10
False
>>> a==b-10
True
```

2.2.4 逻辑运算符

逻辑运算符用于布尔值的运算，包括逻辑与(and)、逻辑或(or)和逻辑非(not)。其中逻辑与和逻辑或是双目运算符，逻辑非是单目运算符。

1. 逻辑与(and)

and 运算符可以对符号两侧的表达式进行与运算，它的两侧表达式的计算结果可以是布尔值，也可以是数字或者字符串。将表达式的计算结果为 False、0、''、[ ]、None 等视为假，其他视为真。and 运算符的返回结果可以是任意类型，具体数据类型由表达式决定。

Python 中的与运算逻辑规则如下：

(1) 如果左边表达式的值为假，and 运算符会将左边表达式的值作为最终结果返回。

(2) 如果左边表达式的值为真，最终值暂时无法确定，and 运算符会继续计算右边表达式的值，并将该值作为最终结果返回。

and 的运算规则见表 2-6。

表 2-6　　and 的运算规则

print	2>0	and	5>0		
	True		True	→	True
print	2>0	and	5<0		
	True		False	→	False
print	2<0	and	5>0		
	False		True	→	False
print	2<0	and	5<0		
	False		False	→	False
两个为真才为真					

2. 逻辑或(or)

除逻辑规则上有所差异外，or 运算符与 and 运算符在其他方面基本相同，不再赘述。

Python 中的或运算逻辑规则如下：

(1) 如果左边表达式的值为真，or 运算符会将左边表达式的值作为最终结果返回。

(2) 如果左边表达式的值为假，最终值暂时无法确定，or 运算符会继续计算右边表达式的值，并将该值作为最终结果返回。

or 的运算规则见表 2-7。

表 2-7　　or 的运算规则

print	2>0	or	5>0		
	True		True	→	True

（续表）

print	2>0	or	5<0		
	True		False	→	True
print	2<0	or	5>0		
	False		True	→	True
print	2<0	or	5<0		
	False		False	→	False
两个为假才为假					

3. 逻辑非(not)

not 运算符对符号右侧的值进行非运算，仅返回 True 和 False。

Python 中的非运算逻辑规则如下：

（1）对于布尔值，非运算会对其进行取反操作，即将 True 变为 False，False 变为 True。

（2）对于非布尔值，非运算会先将其转换为布尔值，然后再取反。

① 对于字符串，其中有内容为 True，空字符串为 False。

② 对于数字，0 为 False，其他为 True。

示例代码

```
>>> a=10
>>> b=20
>>> a and b
20
>>> a or b
10
>>> not a
False
>>> not b
False
>>> not -1
False
>>> not False
True
>>> not True
False
```

2.2.5 身份运算符

身份运算符用于判断两个变量的引用对象是否指向同一个内存对象。Python 提供的身份运算符见表 2-8。

表 2-8 Python 中的身份运算符

运算符	描述	说明
is	x is y	若 x 和 y 引用的是同一个对象，则返回 True，否则返回 False
is not	x is not y	若 x 和 y 引用的不是同一个对象，则返回 True，否则返回 False

示例代码

```
a=10
b=10
print(a is b)
print(a is not b)
b=20
print(a is b)
print(a is not b)
```

运行结果

```
True
False
False
True
```

2.2.6 成员运算符

成员运算符用于判定对象是否存在于序列中，如字符串、列表、元组等。Python 提供的成员运算符见表 2-9。

表 2-9 Python 中的成员运算符

运算符	描述	说明
in	x in y	若在 y 中找到 x 的值，则返回 True，否则返回 False
not in	x not in y	若在 y 中未找到 x 的值，则返回 True，否则返回 False

示例代码

```
a=10
b=5
list=[1,2,3,4,5]
print(a in list)
print(a not in list)
print(b in list)
print(b not in list)
```

运行结果

```
False
```

```
True
True
False
```

2.2.7 位运算符

位运算符用于对数字的二进制位进行运算。Python 提供的位运算符包括左移运算符(<<)、右移运算符(>>)、按位与运算符(&)、按位或运算符(|)、按位异或运算符(^)以及按位取反运算符(~),见表 2-10。

表 2-10　　Python 中的位运算符

运算符	名称	说明
&	按位与	只有对应的两个二进制位均为 1 时,结果才为 1,否则为 0
|	按位或	只要对应的两个二进制位有一个为 1 时,结果就为 1
^	按位异或	对应的两个二进制位不同时,结果为 1,否则为 0
~	取反	对每个二进制位取反
<<	左移	左操作数的二进制位全部左移,由右操作数决定移动的位数,移出位删掉,移进的位补零
>>	右移	左操作数的二进制位全部右移,由右操作数决定移动的位数,移出位删掉,移进的位补零

示例代码

```
a=60
b=13
c=0
c=a&b
print(c)

c=a|b
print(c)

c=a^b
print(c)

c=~a
print(c)

c=a<<2
print(c)

c=a>>2
print(c)
```

运行结果

```
12
61
49
-61
240
15
```

2.2.8　运算符的优先级

当一个表达式中出现多个运算符时，求值的顺序依赖于优先级规则，见表 2-11。

表 2-11　运算符的优先级

优先级顺序	运算符	说明
1	**	指数（次幂）运算
2	~、+、-	取反、正号和负号运算
3	*、/、%、//	乘、除、取模和取整除
4	+、-	加法、减法
5	>>、<<	右移、左移位运算符
6	&	按位与
7	^、|	按位异或和按位或
8	<=、<、>、>=	比较运算符
9	==、!=	等于和不等于运算符
10	=、%=、/=、//=、*=、+=、-=、**=	赋值运算符
11	is、is not	身份运算符
12	in、not in	成员运算符
13	not、and、or	逻辑运算符

例 2-4　各种基本运算符的应用。

参考代码

```
#创建变量
x=5
y=3
#算术运算
print("x=",x,",y=",y)
print("x+y=",x+y)
print("x-y=",x-y)
print("x*y=",x*y)
```

```
print("x/y=",x/y)
print("x//y=",x//y)
print("x%y=",x%y)
print("x**y=",x**y)
#关系运算
print("x==y 返回",x==y)
print("x>y 返回",x>y)
print("x>=y 返回",x>=y)
print("x<y 返回",x<y)
print("x<=y 返回",x<=y)
print("x!=y 返回",x!=y)
#逻辑运算
print("x>y and y<2 返回",x>y and y<2)
print("x>y or y<2 返回",x>y or y<2)
print("not(x>y)返回",not(x>y))
#身份运算
print("x is y 返回",x is y)
#成员运算
print("'y'in'Python'返回",y in'Python')
```

运行结果

```
x=5,y=3
x+y=8
x-y=2
x*y=15
x/y=1.6666666666666667
x//y=1
x%y=2
x**y=125
x==y 返回 False
x>y 返回 True
x>=y 返回 True
x<y 返回 False
x<=y 返回 False
x!=y 返回 True
x>y and y<2 返回 False
x>y or y<2 返回 True
not(x>y)返回 False
x is y 返回 False
'y'in'Python'返回 True
```

微课：输入和输出

2.3 输出函数 print( )

2.3.1 函数 print( )的基本语法

print( )函数只是简单地输出一个对象或变量的值。在 Python 中使用 print( )函数进行输出时，需要注意：

(1) 输出字符串时应使用单引号或双引号括起来。

(2) 输出变量时，不加引号。

(3) 变量与字符串同时输出或多个变量同时输出时，需用逗号隔开。

事实上，print( )函数还有一些常用的参数，在实际开发工作中使用起来非常灵活。print( )函数的基本语法格式如下：

```
print(value,…,sep=" ",end="\n",file=sys.stdout,flush=False)
```

说明：

(1) value：表示想要输出的数据，可以一次输出多条数据，各数据间以逗号隔开。

(2) sep：表示当输出多条数据时，可以插入各条数据的分隔字符，默认是一个空格字符。

(3) end：表示当数据输出结束时所插入的字符，默认为插入换行字符，所以下一次 print( )函数的输出会在下一行输出。如果不希望换行，则可以将 end 参数设置为空字符串，即 end=""。

(4) file：表示数据输出位置，默认为 sys. stdout，即屏幕。

(5) flush：表示是否清除数据流的缓冲区，默认不清除。

在 print( )函数中经常使用到的参数是 sep 和 end，从下面的例子中可以看出这两个参数在编程中的实际作用。

如果希望用一行特殊的字符来对前后行的输出内容进行分隔，例如，用 20 个"="来分隔前后两行输出的内容，就可以用"print("=" * 20)"的方式来实现。

示例代码

```
Chinese_score=92
math_score=88
English_score=90
print("语文成绩:",Chinese_score)
print("="*20)
print("数学成绩:",math_score)
print("="*20)
print("英语成绩:",English_score)
print("="*20)
```

运行结果

```
语文成绩：92
==========
数学成绩：88
==========
英语成绩：90
==========
```

注意：

（1）多个变量在一行输出时，默认用空格进行分隔。

示例代码

```
Chinese_score=92
math_score=88
English_score=90
print(Chinese_score,math_score,English_score)
```

运行结果

```
92 88 90
```

（2）如果希望输出的内容之间用其他的分隔符进行分隔，则可以写为 sep="任意字符"。

示例代码

```
Chinese_score=92
math_score=88
English_score=90
print(Chinese_score,math_score,English_score,sep="|")
#以竖线作为分隔符
```

运行结果

```
92|88|90
```

（3）在 print()函数的参数表中，参数"end"为指定终止符号，默认为换行符，即"end='\n'"。因此，可以通过指定终止符把多个 print 语句的输出内容输出到一行上。

示例代码

```
Chinese_score=92
math_score=88
English_score=90
print(Chinese_score,end=",")    #指定终止符为","
print(math_score,end=",")
print(English_score)            #默认终止符为换行符"\n"
```

运行结果

```
92,88,90
```

了解 print( ) 函数默认的分隔符是一个空格，终止符号是一个换行符“'\n'”，可以在实际开发中大大提高输出的灵活性。

例 2-5　输出 2 条语句，其中在第二个 print( ) 中的两条输出数据的分隔字符是“$$$ ”。

参考代码

```
num1 = 123
num2 = 456
num3 = num1 + num2
print("这是数值相加",num3)
str1 = str(num1) + str(num2)
print("强制转换成字符串相加",str1,sep = "$$$")
```

运行结果

```
这是数值相加 579
强制转换成字符串相加 $$$123456
```

例 2-6　输出 2 条语句，将 2 条数据在同一行输出，彼此之间使用〔Tab〕键的距离隔开。

参考代码

```
num1 = 123
num2 = 456
num3 = num1 + num2
print("这是数值相加",num3,end = "\t")        #以〔Tab〕键值位置分隔两条数据
str1 = str(num1) + str(num2)
print("强制转换成字符串相加",str1,sep = "$$$")
```

运行结果

```
这是数值相加 579                    强制转换成字符串相加 $$$123456
```

2.3.2　格式化 print( )输出

在使用格式化输出时，基本语法格式如下：

```
print("…输出格式区…" % (变量系列区,…))
```

在上述输出格式区中，可以放置变量系列区相对应的格式化字符，这些格式化字符的基本含义如下：

（1）%d：格式化整数输出。

（2）%f：格式化浮点数输出。

（3）%s：格式化字符串输出。

例 2-7　格式化输出的应用。

参考代码

```
name="张三"
count=1
score=98.5
print("%s 你的第%d 次英语考试成绩是%f"%(name,count,score))
```

运行结果

```
张三你的第 1 次英语考试成绩是 98.5
```

2.4 输入函数 input( )

input( )函数的功能与 print( )函数功能相反。input( )函数会从屏幕读取用户从键盘输入的数据，同时让程序暂停运行，等待用户输入数据，当获取用户输入后，Python 将其以字符串的形式存储在一个变量中。该函数的语法格式如下：

```
value=input("prompt:")
```

value 是变量，所输入的数据会存储在此变量内，特别需要注意的是，输入的数据不论是字符串还是数值，当数据回传到 value 时，一律是字符串数据，如果要执行数学运算需要用 int( )函数转换为整数。

例 2-8　查看 input( )赋给变量的数据类型。

参考代码

```
name=input("请输入姓名:")
score=input("请输入分数:")
print("name 数据类型是",type(name))
print("score 数据类型是",type(score))
```

运行结果

```
请输入姓名:张三
请输入分数:90.5
name 数据类型是 <class 'str'>
score 数据类型是 <class 'str'>
```

例 2-9　使用成绩查询系统查询总分。

参考代码

```
print("欢迎使用成绩查询系统:")
name=input("请输入姓名:")
chinese=input("请输入语文成绩:")
```

```
math=input("请输入数学成绩:")
english=input("请输入英语成绩:")
total=int(chinese)+int(math)+int(english)
print("%s 你的总分是%d"%(name,total))
```

运行结果

```
欢迎使用成绩查询系统:
请输入姓名:张三
请输入语文成绩:78
请输入数学成绩:89
请输入英语成绩:94
张三你的总分是 261
```

2.5 综合案例

2.5.1 复杂个人信息输出

例 2-10　编写程序,定义 6 个变量(name, number, sex, age, height, weight)并按要求给变量赋值。且必须使用 print()函数的格式化输出[只使用一个 print()函数]及使用转义字符"\n"进行换行。要求输出格式如下:

```
姓名: 李锐
学号: 20176511231
性别: 男
年龄: 19
身高: 170
体重: 115.5
```

解题思路

首先定义变量,需要考虑变量的不同类型,如姓名、学号和性别是字符串类型,而年龄、身高、体重是数值类型。然后用一个 print()函数输出,注意换行符"\n"须被包含在字符串中。

参考代码

```
name="李锐"
number="20176511231"
sex="男"
age=19
height=170
weight=115.5
print("姓名:",name,
        "\n 学号:",number,
```

```
        "\n 性别:",sex,
        "\n 年龄:",age,
        "\n 身高:",height,
        "\n 体重:",weight)
```

2.5.2 位数输出

例 2-11 编写程序,要求从键盘中输入一个三位数 a,输出这个数的个位、十位、百位。

解题思路

百位:三位数/100　　商取整

十位:(三位数-百位 * 100)/10　　商取整

个位:三位数%10　　商取余

参考代码

```
a=int(input("请输入一个三位数:"))
bai=a//100             #百位
shi=a//10%10           #十位
ge=a%10                #个位
print(bai,ge,shi)
```

运行结果

```
请输入一个三位数:153
1 5 3
```

2.5.3 圆的面积和周长计算

例 2-12 编写程序,要求输入圆的半径 r,计算圆的面积 S 和周长 C,并输出计算结果(保留 2 位小数)。

解题思路

根据圆的面积和周长计算公式可知,面积 $S=\pi r^2$,周长 $C=2\pi r$。要运用这两个公式,需要先导入数学模块,调用常量 π,即 math. pi。

参考代码

```
import math                    #导入 math 模块
r=eval(input("请输入圆的半径"))
S=math.pi * r ** 2             #计算面积 S
C=2 * math.pi * r              #计算周长 C
print("圆的面积为:%.2f"%S,"圆的周长为:%.2f"%C)        #输出圆的面积和周长
```

运行结果

```
请输入圆的半径:3
```

```
圆的面积为:28.27 圆的周长为:18.85
```

2.5.4 三角形面积计算

例 2-13　编写程序,要求输入三角形的三条边(假设给定的三条边符合构成三角形的条件:任意两边之和大于第三边),计算三角形的面积,并输出计算结果(保留 2 位小数)。

解题思路

根据三角形面积计算公式可知,面积 $Area = \sqrt{s(s-a)(s-b)(s-c)}$,其中 s 是三条边之和的一半。同样地,要运用这个公式,也需要导入数学模块,调用相应的平方根函数,即 sqrt()。

参考代码

```
import math                              #导入 math 模块
a=int(input("请输入三角形的第一条边:"))      #输入第一条边并将其转换为整型
b=int(input("请输入三角形的第二条边:"))      #输入第二条边并将其转换为整型
c=int(input("请输入三角形的第三条边:"))      #输入第三条边并将其转换为整型
s=1/2*(a+b+c)                            #计算 s
area=math.sqrt(s*(s-a)*(s-b)*(s-c))      #调用 sqrt()函数计算面积
print("此三角形面积为:%.2f"%area)        #输出三角形面积
```

运行结果

```
请输入三角形的第一条边:3
请输入三角形的第二条边:4
请输入三角形的第三条边:5
此三角形面积为:6.00
```

知识库

古希腊的数学发展到亚历山大时期,数学的应用得到了很大的发展,其中较为突出的就是三角术的发展。在解三角形的过程中,其中一个比较难的问题是如何利用三角形的边长直接求出三角形面积。在海伦的著作《测地术》中,最早出现了三角形面积的计算公式 $S = \sqrt{p(p-a)(p-b)(p-c)}$,并在海伦的著作《测量仪器》和《度量数》中给出证明。该式又称为海伦公式。它的特点是形式规整,便于记忆。

中国宋代的数学家秦九韶在 1247 年提出了一种计算三角形面积的方法——三斜求积术,表达式为 $S = \sqrt{\frac{1}{4}\left[c^2a^2 - \left(\frac{c^2+a^2-b^2}{2}\right)^2\right]}$。虽然该式与海伦公式在形式上有所不同,但在本质上与海伦公式等价。三斜求积术是我国古代数学的一大成就,体现了我国古代数学家卓越的智慧与水平。

本章总结

本章主要介绍了:

(1) 数据类型相关的概念,如整型、浮点型等及相关数据类型转换。

(2) 变量和关键字相关的概念。

(3) 运算符和操作对象,并通过不断调试熟悉各种运算符。

(4) print()和 input()函数,熟练掌握输出和输入语句的编写。

正所谓“不以规矩,不能成方圆”。掌握标识符的命名规则,不仅是对编程技能的基本要求,也启发着读者在课堂学习、日常生活以及工作岗位中必须遵守相应的制度与规定,脚踏实地、求真务实。

而运算符优先级的学习,不仅使读者在编程技能上得到了提升,还启发着读者在事情处理时要分轻重缓急,凡事都要有条理、合理安排,同时还要时刻牢记“轻重缓急,德在才先”。

此外,输入函数 input()和输出函数 print()的学习,则启发着读者在日常生活中要不断积累和输入知识,养成严于律己、宽以待人的品格,为将来奉献社会做积极的储备。

课后习题

一、选择题(部分为多选题)

1. 下列语句在 Python 中非法的是(　　)。

A. x=y=z=1　　B. x=(y=z + 1)

C. x, y=y, x　　D. x=y

2. 关于 Python 变量,下列说法中错误的是(　　)。

A. 变量无须指定类型　　B. 变量可以重新赋值

C. 变量无须先创建和赋值而直接使用　　D. 同一个变量可以保存不同类型的值

3. 下列不是 Python 合法的标识符的是(　　)。

A. int64　　B. 40XL　　C. self　　D. stu_name

4. 下列关于 print()函数用法错误的是(　　)。

A. print(100)　　B. print(100, 200)

C. print(100, 'hello world! ')　　D. print(10 20)

5. print(100-25 * 3%4)的输出结果是(　　)。

A. 1　　B. 97　　C. 25　　D. 0

6. Python 不支持的数据类型有(　　)。

A. char　　B. int　　C. float　　D. list

7. (多选)若 n=6 784,则以下能够获取到“7”的方法有(　　)。

A. n/1000%100　　B. n%1000/100

C. n//100%10　　D. n//10%100//10

8. 运行以下程序,当从键盘上输入 12 时,输出结果是(　　)。

```
x=(input())
print(type(x))
```

A. <class 'str'>　　B. <class 'int'>　　C. 出错　　D. class 'dict'

9. 下列表达式的运算结果是(　　)。

```
a=100
b=False
print(a*b>-1)
```

A. False　　B. 1　　C. 0　　D. True

10. 假设 X=3,Y=5,Z=2,则表达式(X^2+Y)/2 的值是(　　)。

A. 1　　B. 5　　C. 3　　D. 2.0

二、填空题

1. Python 中单行注释的符号是__________,多行注释的符号是______________。

2. 语句 a, b=10, 20 执行后,a 的值是__________;
   语句 a, a=10, 20 执行后,a 的值是__________。

3. 在 Python 中,int 表示的数据类型是____________。

4. 在 Python 中,字符串数据需要用__________或________________括起来。

5. 在 Python 中,布尔类型有__________个值,分别是__________________。

6. 如果想要查看一个数据或者变量的数据类型,可以用______________函数。

7. 在 Python 中表示空类型的是________________。

8. 已知 x=3==3,执行结束后,变量 x 的值为________________。

9. 已知 x=3,那么执行语句“x+=6”之后,变量 x 的值为____________。

10. 表达式“3 ** 2”的值为________,表达式“3 * 2”的值为______________,表达式“4 ** 0.5”的值为________。

三、编程题

1. 从键盘输入一个整数,写出判断这个数是否能同时被 3 和 7 整除的条件语句,并且输出对应的结果。

2. 从键盘输入一个整数,写出判断一个数是否能够被 3 或者 7 整除,但是不能同时被 21 整除的条件语句,并且输出对应的结果。

3. 从键盘输入一个年份,编写代码判断输入的年份是否为闰年,并且输出对应的结果。(判断闰年的条件:能被 4 整除但不能被 100 整除,或者能被 400 整除)

4. 假设一节课的时长为 15 678 秒,编程计算这节课的时长是多少小时,多少分钟,多少秒;并以“XX 时 XX 分 XX 秒”的方式表示出来。

5. 从键盘上输入一个人的身高和体重,根据身体质量指数[BMI=体重(kg)/身高(m)的平方值],其中体重和身高均为浮点型数据,输出这个人的 BMI 值。

第 3 章 程序的控制结构

本章导读

在解决实际问题时，经常会遇到需要根据不同条件选择不同操作的情况。Python 提供了选择结构来解决这些问题。

同时，也会遇到一些重复执行的动作，比如猜数字游戏，需要一直重复猜这个动作。Python 提供了循环结构来解决这些问题。

本章首先介绍程序设计流程，然后介绍选择结构，包括简单的 if 语句、if... else 语句、if... elif... else 语句和嵌套的 if 语句，最后介绍循环结构，旨在培养学生编写程序解决实际问题的能力，以及由浅入深的思维方式和反复推敲的习惯，使学生养成精益求精、持续创新的工匠精神。

学习目标

- 熟练使用流程图表示程序流程。
- 熟悉掌握选择结构的语法和应用。
- 熟悉掌握循环结构的语法和应用。
- 能够对 3 种混合式的程序进行分析。
- 能够完成 3 种结构简单程序的编写。

学习导航

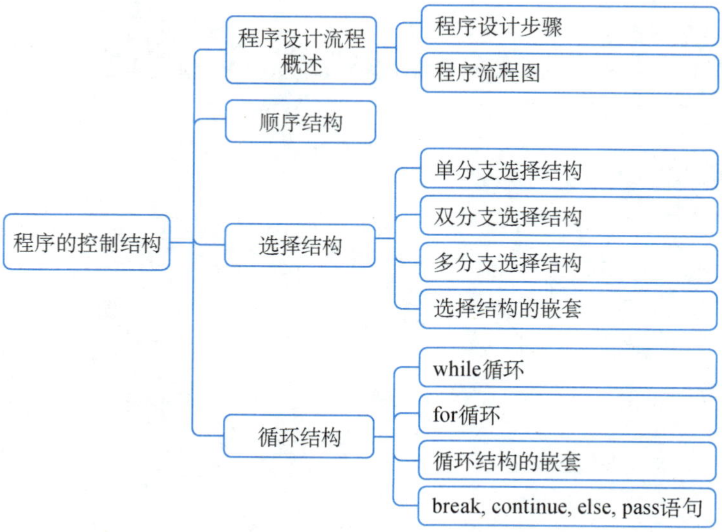

3.1 程序设计流程概述

3.1.1 程序设计步骤

Python 程序设计步骤:

第一步:分析找出解决问题的关键,即找出解决问题的算法,确定算法的步骤。

第二步:将算法转换为程序流程图。

第三步:根据流程图编写符合 Python 语法的代码。

第四步:调试程序,纠正错误。

3.1.2 程序流程图

程序流程图又称程序框图,是用统一规定的标准符号描述程序运行具体步骤的图形表示。程序流程图的设计是在处理流程图的基础上,通过对输入/输出数据和处理过程的详细分析,标识计算机的主要运行步骤和内容。程序流程图是进行程序设计的最基本依据,它的质量直接影响程序设计的质量。

程序流程图由处理框、判断框、起止框、连接点、流程线、注释框等构成,并结合相应的算法,呈现整个程序的执行流程。

处理框具有处理功能;判断框具有条件判断功能,有一个入口,两个出口;起止框表示程序的开始或结束;连接点可将流程线连接起来;流程线表示流程的路径和方向;注释框是为了对流程图中某些框的操作做必要的补充说明。

任何复杂的算法,都可以由顺序结构、选择结构和循环结构这三种基本结构组成。因此,构造一个算法时,也仅以这三种基本结构作为"建筑单元",遵守三种基本结构的规范。这些基本结构之间可以并列或相互包含,但不允许交叉,也不允许从一种基本结构直接转到另一种基本结构的内部。整个算法都是由这三种基本结构模块化构成,结构清晰,易于正确性验证,易于纠错,这种方法就是结构化方法。遵循这种方法的程序设计就是结构化程序设计。相应地,只要规定好三种基本结构的流程图的画法,就可以画出任何算法的流程图。

3.2 顺序结构

顺序结构是简单的线性结构。默认情况下,程序中的语句按自上而下的顺序(即顺序结构)执行。在程序运行时,如果有一些特定的指令更改了程序的运行顺序,使其产生跳跃或循环现象,就会出现选择结构和循环结构。这三种结构都有两个共同的特点:①只有一个入口;②只有一个出口。

顺序执行不需要特殊的语句处理,若无特殊情况,程序则按代码顺序逐条执行;而分支执行和循环执行需要用专门的语法规则和语句来实现。

选择结构和循环结构往往会互相嵌套使用来实现实际应用。

3.3 选择结构

微课：选择结构

所谓选择结构，即按照给定条件来选择其中一个分支执行程序中特定的语句。在 Python 语言中，选择结构分为单分支(if)、双分支(if... else)和多分支(if... elif... else)。根据要解决的问题逻辑使用不同形式的选择结构或其嵌套结构。

3.3.1 单分支结构 if 语句

if 语句允许程序通过判断条件是否成立选择是否执行指定的语句。其基本语法格式如下：

```
if 判断条件:
    语句块
```

注意：在此结构中，if 关键字和判断条件构成 if 语句，以冒号(:)表示结束。冒号表示一个语句块的开始，起到缩进提示作用，不可或缺，并且其后的语句块必须做相应的缩进。缩进的语句块可以包含一条或多条语句。当有多条语句时，保持每条语句的缩进结构一致。一般以 4 个空格为缩进单位。语句块和 if 语句之间通过缩进形成逻辑关系。单分支结构中的语句块只有“执行”和“跳过”两种情况。

单分支结构 if 语句执行过程如图 3-1 所示。条件为真，执行语句块；条件为假，直接跳过，执行 if 语句之后的语句(如果有)。

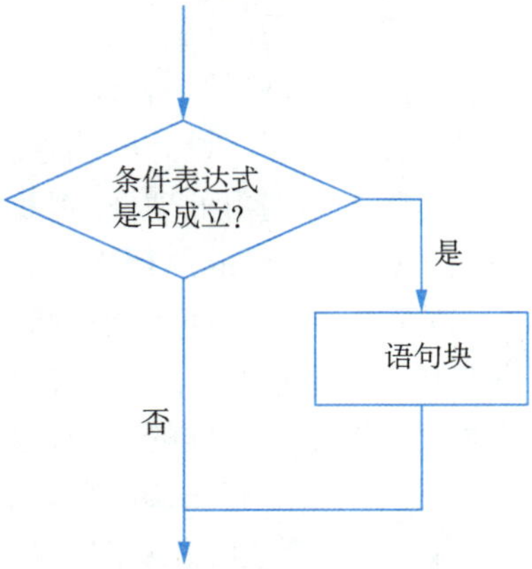

图 3-1　单分支结构执行流程

在解决实际问题时，建议首先分析问题，明确所需的数据结构和解决问题的整体思路，然后绘制程序流程图来辅助理清思路，确定没有问题之后再动手编写代码，实现程序设计。

例 3-1　我们经常强调“安全第一”。在生活中，需要注意很多安全问题。比如，过马路时，红绿灯的情况决定了是否能安全过马路。学会辨识交通信号灯，并做出正确的选择，才是真正做到“安全第一”。请使用单分支结构判断何时可以过马路。(交通规则：仅绿灯通行)

参考代码

```
light = "绿色"              #创建变量 light 代表灯,赋值为绿色
if light == "绿色":         #判断变量 light 的值是否为绿色
    print("请通行")                 #输出"请通行"
```

运行结果

```
请通行
```

程序分析

上述程序使用了一个 if 语句，即单分支结构。程序执行过程：行人过马路时，若灯为绿色，根据交通规则可以通行，则条件判断为真，执行语句"print("请通行")"；若灯为其他颜色，则条件判断为假，跳过 if 语句。

例 3-2 使用单分支结构判断某人是否已成年。

参考代码

```
age=20            #创建变量 age 代表年龄，赋值为 20
if age>=18:        #判断变量 age 的值是否大于等于 18
    print("已成年")          #输出"已成年"
```

运行结果

```
已成年
```

程序分析

上述程序使用了一个 if 语句，即单分支结构。程序执行过程：若初始值为 20，判断条件是值大于等于 18，显然 20 大于 18，即条件判断为真，执行语句"print("已成年")"。

例 3-3 已知小明年龄为 20，判断这属于哪个人生阶段。[人生阶段划分规则：童年(0~6 岁)，少年(7~17 岁)，青年(18~40 岁)，中年(41~65 岁)，老年(66 岁及以上)]

参考代码

```
age=20
if 0<=age<=6:
    print("童年")
if 7<=age<=17:
    print("少年")
if 18<=age<=40:
    print("青年")
if 41<=age<=65:
    print("中年")
if age>=66:
    print("老年")
```

运行结果

```
青年
```

程序分析

上述程序使用了 5 个 if 语句，分别表示了童年、少年、青年、中年及老年的五个阶段的条件限定。根据指定的数值年龄(age)为 20，自上而下的顺序结构进行执行。程序执行过程：碰到第 1 个 if 语句，条件不成立，跳过"童年"；碰到第 2 个语句，条件依然不成立，跳过"少年"，继续执行碰到第 3 个 if 语句，条件成立，执行，输出"青年"。根据顺序结构，指令依然继续执行，碰到第 4 个 if 语句，条件不成立，跳过“中年”；碰到第 5 个 if 语句，条件不成立，跳过“老年”。所有指令全部从上至下，执行结束。最终在运行程序后，显示结果“青年”。

分支结构中看到一个 if 语句，只有一条分支，针对一个程序中如果出现多个一条分支的 if 语句，以上结构依然是单分支结构。所以在单分支结构中，可以出现 1 个 if 语句，也可以出现多个 if 语句。出现多个语句，根据顺序结构的原理，自上而下，每个 if 语句都要进行判断，会比较耗时，执行指令时间长。直到所有的程序指令读完程序才运行结束。

思考：

使用单分支完成：

(1) 自定义一个学生分数变量 score，若分数大于等于 90 分，则为优秀。设某名学生分数为 80 分，请写出一个程序判断该学生的成绩是否优秀。

(2) 自定义一个学生分数变量 score，分数分为优(90~100 分)，良(80~90 分)，中(60~80 分)，差(低于 60 分)4 个等级。设某名学生分数为 80 分，请写出一个程序判断该学生的成绩属于哪个等级。

3.3.2 双分支结构 if...else 语句

在例 3-1 的程序中，我们知道当条件为真时，会得到“请通行”的指令。但是当条件为假时，并没有给予选择可执行的语句，直接跳过。若此时还想继续执行指定语句可使用双分支结构，即 if... else 语句。if... else 的基本语法格式如下：

```
if 判断条件:
    语句块 1
else:
    语句块 2
```

注意：在此结构中，只会执行一个语句块，另一个直接跳过。else 后直接接冒号，表示隐含的“否则”情况。

双分支结构 if... else 语句的执行过程如图 3-2 所示。当执行到 if 关键字后的判断条件时，如果条件为真，执行语句块 1，否则执行语句块 2。

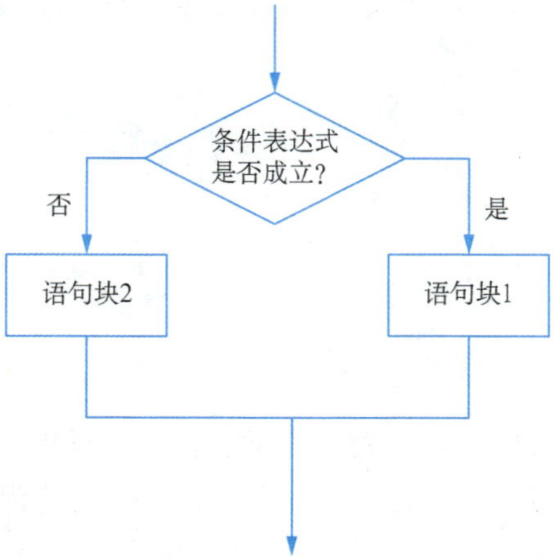

图 3-2　双分支结构执行流程

例 3-4　使用双分支结构判断何时可以过马路。(交通规则:绿灯行,其他等一等)

参考代码

```
light="红色"    #创建变量 light 代表灯,赋值为红色
if  light=="绿色":     #判断变量 light 的值是否为绿色
    print("请通行")   #输出"请通行"
else:
    print("请等一等")  #输出"请等一等"
```

运行结果

```
请等一等
```

程序分析

上述程序执行过程:行人过马路时,若灯为红色,根据交通规则绿灯才能通行,可见条件判断为假,执行语句"print("请等一等")"。

例 3-5　编写程序,使用双分支结构实现,输入学生年龄,判断该学生是否成年(大于等于 18 岁)。如未成年,计算还需要多少年才能成年。

参考代码

```
age=int(input("请输入学生的年龄:"))       #输入变量 age 的值并转换为整型
if  age>=18:                         #判断 age 是否大于等于 18
     print("已成年")                  #如果是,输出"已成年"
else:                                #如果不是
    print("未成年")                   #输出"未成年"
    print("还差",18-age,"年成年") #计算还差几年成年并输出
```

运行结果

```
请输入学生的年龄:15
未成年
还差 3 年成年
```

程序分析

上述程序使用了双分支结构,如果输入年龄大于等于 18 岁,输出"已成年",否则输出"未成年"以及距离成年还需的年数。当输入 15 岁时,距离成年还有 3 年。

例 3-6　编写程序,使用双分支结构实现,当银行卡只有 1 000 元时,若取款未超过 1 000 元,则显示取款成功以及余额,若超过 1 000 元,则显示余额不足。

参考代码

```
money=1000
DM=int(input('请输入取款金额'))
if money>=DM:
```

```
        money=money-DM
        print('取款成功,你的余额为:',money)
    else:
        print('余额不足')
```

运行结果

```
请输入取款金额 800
取款成功,你的余额为:200
```

或

```
请输入取款金额 1200
余额不足
```

例 3-7 编写程序,使用双分支结构实现,输入三角形的三条边,计算三角形的面积并输出计算结果。

参考代码

```
import math                    #导入 math 模块
a=int(input("请输入三角形的第一条边:"))    #输入第一条边并将其转换为整型
b=int(input("请输入三角形的第二条边:"))    #输入第二条边并将其转换为整型
c=int(input("请输入三角形的第三条边:"))    #输入第三条边并将其转换为整型
if a>0 and b>0 and c>0 and a+b>c and a+c>b and b+c>a:  #如果满足构成三角形条件
    s=1/2*(a+b+c)                    #计算 s
    area=math.sqrt(s*(s-a)*(s-b)*(s-c))    #调用 sqrt 函数计算面积
    print("此三角形面积为:",area)        #输出三角形面积
else:                    #如不满足条件
    print("输入的三条边不能构成三角形")      #输出提示信息
```

运行结果

```
请输入三角形的第一条边:3
请输入三角形的第二条边:4
请输入三角形的第三条边:5
此三角形面积为: 6.0
```

程序分析

此例需要检验输入的三条边是否能够构成三角形。要求边长必须大于0,否则无意义。另外还需要满足两边之和大于第三边,构成三角形,否则也无意义。因此程序设计的关键是调用三角形面积的计算公式 $Area = \sqrt{s(s-a)(s-b)(s-c)}$,其中 $s = \frac{1}{2}(a+b+c)$。

知识库

祖冲之与历法

在我国，古代历法家把 19 年定为计算闰年的单位，称为“一章”，每一章有 7 个闰年。也就是说在 19 年中有 7 年是十三个月。这种闰法在我国沿用了一千多年，不过它还不够周密精确。直到公元 412 年，北凉赵𢾺创作了《玄始历》，才打破了传统岁章的限制，创新性地提出在 600 年间插入 221 个闰月。可惜的是，赵厞的改革在当时并没有引起广泛关注。公元 443 年，著名历法家何承天在制作《元嘉历》时，仍然采用了“十九年七闰”的古法。

祖冲之借鉴了前人的先进理论，并结合个人观察，认为“十九年七闰”的闰数过多，每 200 年就会产生一天的误差，而“六百年二百二十一闰”的闰数却又稍稀，精确度不足。因此，他提出了“三百九十一年一百四十四闰”的新闰法，这个闰法在当时是最精密的。除改革闰法外，祖冲之在历法研究上的另一重大成就，是首次应用了“岁差”。祖冲之在历法研究方面的第三个巨大贡献，就是成功计算出历法中通常称为“交点月”的日数。

祖冲之编纂的《大明历》是当时最科学、最进步的历法。这不仅是其科学智慧的结晶，也是他在天文历法领域最卓越的成就。

因此，我们必须坚定历史自信、文化自信，坚持古为今用、推陈出新，不断挖掘与传承历史智慧，以适应时代发展需求。

思考：

使用双分支完成：

（1）判断闰年。

（2）编写程序，自定义一个学生分数变量 score，当分数大于等于 60 分时为及格，否则不及格。设某名学生分数为 80 分，判断该学生的成绩是否及格。

（3）输入两个整数 a 和 b，按从小到大的顺序输出这两个数。

（4）输入一个整数，判断是否为偶数。

（5）编写程序，显示《伤仲永》的故事。故事：他是神童。最后没有继续学习，反而四处作诗营利，浪费了天赋。

3.3.3　多分支结构 if...elif...else 语句

当程序需要分别判断多种情况、多个条件时，例如购买商品，买得越多，打折力度越大，双分支结构的 if... else 语句无法满足这样的需求。如果使用多个单分支语句进行处理，那么，无论条件是否成立，语句中的代码总是会被执行，这会导致代码冗余，增加不必要的运行时间。

编程时，为了避免执行不必要的选择结构，提高程序运行效率，通常只需要判定某一个条件为真，就立即执行相应的代码块并停止进一步判断。Python 提供了多分支 if... elif... else 结构。各条件互斥，最终至多只有一个分支结构被执行。

if... elif... else 语句其基本语法格式如下:

```
if 判断条件 1:
    语句块 1
elif 判断条件 2:
    语句块 2
...
elif 判断条件 n:
    语句块 n
else :
    语句块 n+1
```

在此结构中,elif 等价于 else if。在语句块 1 到语句块 n+1 中,至多执行一个语句块。if、elif、else、冒号及语句块前的缩进都是语法的一部分。语句块通过缩进来产生逻辑联系。

多分支结构 if... elif... else 语句的执行过程如图 3-3 所示。先判断 if 语句中的条件,若满足则执行语句块 1,跳出多分支结构。若不满足继续判断第 1 个 elif 语句中的条件,若满足则执行语句块 2,跳出多分支结构,若不满足继续判断下一个 elif 语句中的条件,如此依次判断,直到所有条件都不满足,则执行最后一个 else 后的语句块 n+1。

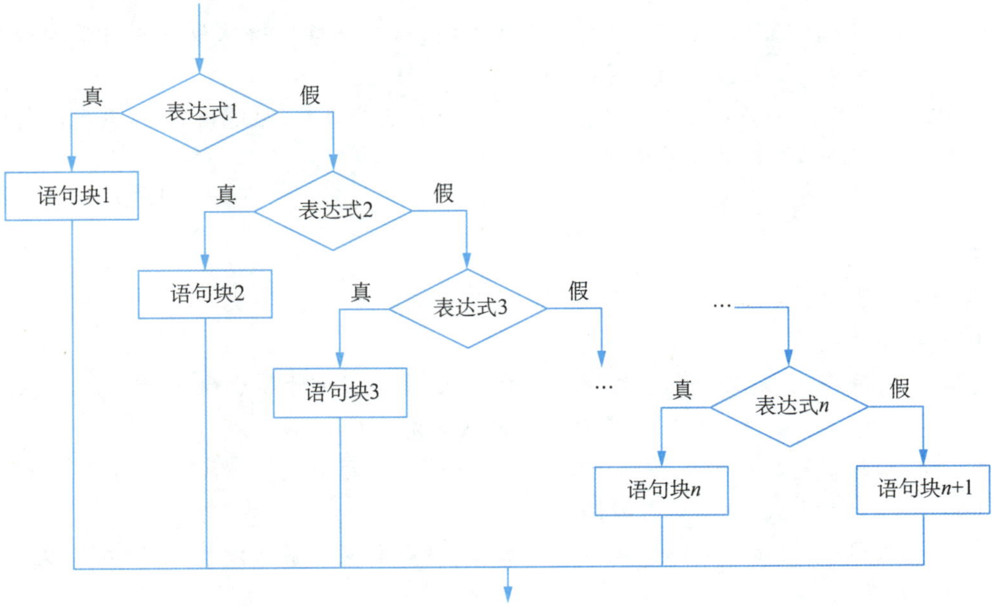

图 3-3　多分支结构执行流程

例 3-8　编写程序,使用多分支结构实现,小刘去某服装店购买衣服,需要花费多少元。该服装店当日折扣见表 3-1。

表 3-1　当日折扣

购买衣服总价	折扣	购买衣服总价	折扣
500 元以下(不含 500 元)	无折扣	800~1 000 元(不含 1 000 元)	7 折
500~800 元(不含 800 元)	8 折	1 000 元以上	6 折

参考代码

```
price=float(input("请输入总消费金额:")) #输入购买衣服的总价
if price>=1000:                       #条件判断 1
    d=0.6                              #折扣用变量 d 表示,6 折
elif price>=800:                      #条件判断 2
    d=0.7                              #折扣用变量 d 表示,7 折
elif price>=500:                      #条件判断 3
    d=0.8                              #折扣用变量 d 表示,8 折
else:                                     #以上条件都不满足,隐含条件为总价小于 500 元
    d=0                                  #折扣用变量 d 表示,无折扣
money=price*d                          #打折后的消费为总价格*折扣
print("需要花费%.1f 元"%money)           #浮点数保留 1 位小数输出
```

运行结果

```
请输入总消费金额:800
需要花费 560.0 元
```

注意:消费金额使用浮点数输入。建议从大金额开始编写程序,使逻辑更清晰。

思考:如果从小金额开始编写程序,那么以下语句是否正确?

```
if  price>500:
    d=0.8
```

例 3-9　学生成绩可分为百分制和五级制,将输入的百分制成绩 score 转换成相应的五级制成绩后输出。成绩百分制与五级制的转换见表 3-2。

表 3-2　成绩百分制与五级制的转换

百分制	五级制	百分制	五级制
90≤score≤100	优	60≤score<70	及格
80≤score<90	良	0≤score<60	不及格
70≤score<80	中	score>100 或 score<0	无意义

参考代码

```
score=int(input("请输入百分制成绩:"))     #输入分数 score 的值并将其转化为整数
if score>100 or score<0:       #当分值不合理时显示出错信息
    print("输入数据无意义")
elif score>=90:                #当成绩大于等于 90 小于等于 100 时,输出"优"
    print("优")
elif score>=80:                #当成绩大于等于 80 小于 90 时,输出"良"
    print("良")
elif score>=70:                #当成绩大于等于 70 小于 80 时,输出"中"
```

```
    print("中")
elif score>=60:    #当成绩大于等于 60 小于 70 时,输出"及格"
    print("及格")
else:              #以上条件都不满足
  print("不及格")    #输出不及格
```

运行结果

```
请输入百分制成绩:80
良
```

程序分析

上述程序中每一个 else 都隐含了一个条件,例如,第 1 个 elif 中的 else 实质上表示条件“0<=score<=100”成立。elif 的条件与 if 条件互相排斥。在执行多条件判断时,只要满足某个条件并执行相应语句,程序就会跳出多分支选择结构,大大提高程序效率。

如果例 3-9 用多个 if 语句进行单分支结构的编写,也可以完成成绩的输出,但这种方法耗时长、效率低,因此在编程时,要善于利用隐含条件,使程序代码清晰简洁,加快执行速度。

3.3.4 选择结构的嵌套形式

选择结构的内部可以包含选择结构,这种情况称为选择嵌套。if、if... else、if... elif... else 语句可以相互嵌套。例如,在 if... else 语句内嵌套 if... else 语句的语法格式如下:

```
if 判断条件 1:
    if 判断条件 2:
        语句块 1
    else:
        语句块 2
else:
    if 判断条件 3:
        语句块 3
else:
        语句块 4
```

注意:使用选择结构的嵌套时,必须严格控制不同条件的代码缩进量,但过多地使用嵌套语句,会降低代码的可读性。if 和 else 按就近原则配对,根据缩进块判断,同一级别为一对。

上述选择嵌套语句的执行过程:先判断 if 语句的判断条件是否成立,若成立,则执行缩进块的即内嵌 if 条件判断;若不成立,则执行同一级别 else 语句后的缩进块。

例 3-10 编写一个计算购书款的程序。使用选择结构嵌套实现:如果客户有会员卡,购书 5 本及以上,书款按 7 折结算,5 本以下,按 8 折结算;如果没有会员卡,购书 5 本及以上,书款按 8 折结算,5 本以下,按 9 折结算。

参考代码

```
num=int(input("请输入购书数量:"))  #输入购买书本的总数量
flag=int(input("请输入是否有会员卡,1有会员卡,0没有会员卡:"))
price=10                          #单价10元
if flag==1:                       #条件判断是否为会员
    if num>=5:                    #会员卡购书5本及以上
        d=0.7                     #折扣用变量d表示,7折
    else:
        d=0.8                     #会员卡购书5本以下,8折
else:
    if num>=5:                    #非会员卡购书5本及以上
        d=0.8                     #折扣用变量d表示,8折
    else:
        d=0.9                     #非会员卡购书5本以下,9折
money=price*num*d                           #打折后的书款为单价*数量*折扣
print("需要花费书款共%.1f元"%money)       #浮点数保留1位小数输出
```

运行结果

```
请输入购书数量:7
请输入是否有会员卡,1有会员卡,0没有会员卡:1
需要花费书款共49.0元
```

程序分析

上述程序的外层通过 if... else 结构判断是否有会员卡。对于有会员卡的情况,内层通过嵌套的 if... else 结构根据购买书籍的数量(以5本为界限)处理不同数量的情况。书本的单价可以自定义,是否有会员卡也可以自定义标记,在该程序中使用 flag 表示。

思考:对于例3-10,如果外层使用 if... else 结构判断购书数量上是否大于等于5本,内层使用 if... else 结构判断是否有会员卡,那么,应该如何编写程序?

例3-11 使用选择结构嵌套编写云南旅游机票折扣售票程序。假设头等舱原票价1200元,经济舱原票价800元,若旺季(5~10月)出游,则头等舱机票8折,经济舱机票8.5折。若淡季出游,则头等舱机票6折,经济舱机票6.5折。

参考代码

```
mon=int(input("请输入出游月份1~12月:"))
flag=int(input("请输入什么舱位,1经济舱,2头等舱:"))  #flag标记为1表示经济舱,2表示头等舱
FC_price=1200                   #头等舱机票1200元
BC_price=800                    #经济舱机票800元
if 5<=mon<=10:                  #条件判断是否为旺季
    if flag==1:                 #表示经济舱
        d=0.85                  #折扣用变量d表示,8.5折
    else:
        d=0.8                   #头等舱,8折
```

```
else:                         #淡季
    if flag==1:               #表示经济舱
        d=0.65                 #折扣用变量 d 表示,6.5 折
    else:
        d=0.6                  #头等舱,6 折
if c==1:
        money=BC_price*d
elif c==2:
        money=FC_price*d
print("需要机票共%.1f 元"%money)   #浮点数保留 1 位小数输出
```

运行结果

```
请输入出游月份 1~12 月:6
请输入什么舱位,1 经济舱,2 头等舱:2
需要机票共 960.0 元
```

程序分析

上述程序中采用外层 if... else 结构区分旺季和淡季,内层嵌套 if... else 结构区分经济舱和头等舱。这是典型性 if... else 结构嵌套 if... else 结构。

思考:对于例 3-11,如果外层使用 if... else 结构区分经济舱和头等舱,内层嵌套使用 if... else 结构区分淡季和旺季,那么,应该如何编写程序?

例 3-12 编写程序,使用选择结构嵌套实现输入三个整数,输出其中的最大值。

参考代码

```
a=int(input("请输入 a 的值:"))         #输入 a 的值并转换为整数
b=int(input("请输入 b 的值:"))         #输入 b 的值并转换为整数
c=int(input("请输入 c 的值:"))         #输入 c 的值并转换为整数
if a>b:              #a>b
    if a>c:                #a>b 并且 a>c,最大值为 a
       max=a
    else:                  #a>b 并且 c>a,最大值为 c
       max=c
else:                #a<b
    if b>c:                #b>a 并且 b>c,最大值为 b
       max=b
    else:                  #b>a 并且 c>b,最大值为 c
       max=c
print("max=",max)                #输出最大值 max
```

运行结果

```
请输入 a 的值:4
请输入 b 的值:9
请输入 c 的值:3
max=9
```

程序分析

上述程序中通过 if... else 嵌套结构形式,先比较 a 和 b 的大小,如果 a 大于 b,就继续将 a 与 c 进行比较,如果 a 也大于 c,那么最大值就为 a;否则,最大值为 c。如果 a 小于 b,就继续将 b 与 c 进行比较,如果 b 大于 c,那么最大值就为 b;否则,最大值为 c。

思考:

使用选择结构的嵌套形式完成:

(1) 判断用户输入的整数是否能够被 2 或 3 整除。

(2) 学校将在 1 月 3 日组织元旦晚会,用户根据输入月份,判断当月是否组织晚会。再根据日期判断晚会是否已经举办。

(3) 景区门票定价规定:根据游客年龄,成人票价为 60 元,优惠政策:婴幼儿(3 岁及以下)免费,青少年(18 岁及以下)半价,60 岁及以上老人半价,65 岁及以上老人免费。请根据以下规则设计程序输入游客年龄显示所需票价。

如果游客小于等于 3 岁,门票免费;

如果游客大于 3 岁小于等于 18 岁,门票为 30 元;

如果游客大于 18 岁小于 60 岁,门票为 60 元;

如果游客大于等于 60 岁小于 65 岁,门票为 30 元;

如果游客大于等于 65 岁,门票免费。

微课:
循环结构

3.4 循环结构

在解决实际问题时,经常会遇到需要重复执行某些操作的情况。这时可以利用循环结构来解决问题。

循环结构是在一定条件下,反复执行某段程序的控制结构。例如,猜数字游戏、1+2+3+…+100、输出 10 行"***********"等。

构造循环结构有两个要素:一个是循环体,即重复执行的语句和代码,从某处开始有规律地反复执行某一程序块;另一个是循环条件,即重复执行代码需要满足的条件。

循环结构有两种基本形态:while 循环和 for 循环。

① while 循环。执行过程:当条件为真时,反复执行 A,一旦条件为假,跳出循环,执行循环之后的语句。用于条件循环或无限循环。

② for 循环。它是遍历循环,在序列结构中遍历元素以及计数循环。

循环是重复的过程,但不是简单地重复再现。例如,在日常学习过程中,尽管每天都在重复学习活动,但知识和经验在不断积累和迭代。最终在循环往复中实现"量变到质变"的蜕变。

3.4.1 条件循环 while 语句

while 循环是一种通过判断条件来控制执行顺序的循环。当满足条件时重复执行循环体中的语句,直到不满足条件时才退出循环。while 语句比 for 语句更加灵活,通常用于循环次数不定的场合。

while 语句的基本语法格式如下:

```
while 判断条件:
        语句块          #循环体
```

while 循环语句的执行规则是“先判断,后执行”。当判断条件为真时,执行循环体语句;如果刚进入循环时条件就不满足,则循环体一次也不执行。在需要使用无限循环的特殊场合,可以直接设置判断条件为 True。还需要注意的是,构建 while 循环结构时,必须有修改判断条件的语句,以使其存在条件不满足的情况,否则将陷入“死循环”,程序运行后,循环将无限地执行下去。可以通过〔Ctrl+C〕组合键来强制中断程序的运行。

while 循环的执行流程如图 3-4 所示。具体执行流程:判断条件,若为真,则第一次执行循环体,再次回到判断条件,若仍为真,则第二次执行循环体,如此往复,直到判断条件为假时,跳出循环,执行循环结构之后的语句。

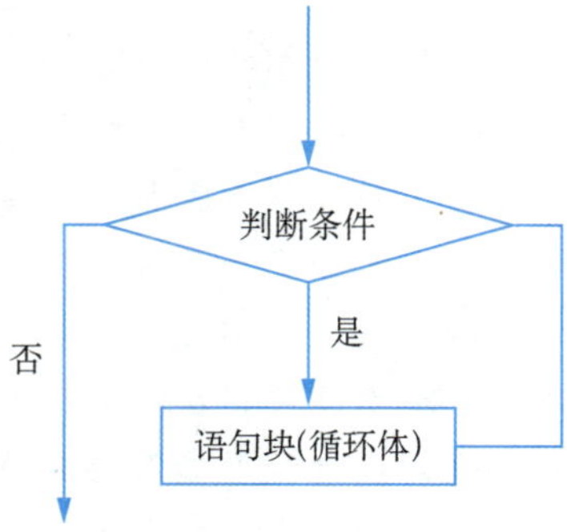

图 3-4 while 循环语句执行流程

例 3-13 编写程序,使用 while 循环结构输出以下图形。

```
**********
**********
**********
**********
**********
```

参考代码

```
i=1                          #创建变量 i,初始值为 1
while i<6:                    #判断条件,当 i>6 时结束
    print("**********")     #循环体    输出 10 个 *
    i=i+1                    #循环变量变化的规律
```

运行结果

```
**********
**********
**********
**********
**********
```

程序分析

while 语句的四要素:循环变量的初值、循环变量的终值、循环体和循环变量变化的规律。在要求输出的图形中,需要输出 5 次 print(“ ********** ”)。在这个过程中反复执行的程序,就构成循环体。循环体外部需要构成循环 5 次的条件,在循环结构中一般借助变量 i 来创造条件。

例 3-14 编写程序,用 while 循环结构计算 $S=1+2+3+\cdots+100$ 的值。

参考代码

```
i=1                 #创建变量 i,赋值为 1
s=0                 #创建变量 s,赋值为 0
while i<=100:           #循环,当 i>100 时结束
    s+=i            #求和,将结果放入 s 中
    i+=1            #变量 i 加 1
print("s=1+2+3+…+100=",s)       #输出 s 的值
```

运行结果

```
s=1+2+3+…+100=5050
```

程序分析

在编写程序时,关键在于找出重复执行的动作,本例题中即为循环体 s+=i。引入变量 i,赋初始值以及变化规律 i=i+1,重复执行 100 次达到循环结束的条件。如果没有变化规律,变量 i 始终不发生变化,就会形成“死循环”。

例 3-15 编写程序,使用 while 结构,输入一个正整数,输出斐波那契数列中小于该整数的所有整数。斐波那契数列的形式为 1,1,2,3,5,8,13,…。其中,第一项和第二项都是 1,从第三项开始后面每项都是紧邻前两项数字的和。

参考代码

```
n=int(input("请输入一个正整数:"))
a,b=1,1
while a<n:
    print(a,end=" ")
    a,b=b,a+b
```

运行结果

第一次运行结果:

```
请输入一个正整数:100
1 1 2 3 5 8 13 21 34 55 89
```

第二次运行结果:

```
请输入一个正整数:2000
1 1 2 3 5 8 13 21 34 55 89 144 233 377 610 987 1597
```

程序分析

在该例题中,由于无法提前预知输入的整数,所以无法提前确定要输出的整数个数,也无法提前确定循环的次数。使用 while 循环结构时,在上述程序中,“a,b=b,a+b”是序列解包的语法,执行过程为先计算等号右侧表达式的值,然后按位置同时赋值给等号左侧的变量,也就是将变量 b 的原始值赋值于变量 a,将变量 a 与 b 的原始值的和赋值于变量 b。在使

用序列解包时,应确保等号左右两侧值的数量相同。

思考:

使用 while 循环完成:

(1) 输出以下图形。

```
*
**
***
****
*****
```

(2) 编写程序,求 $S=1\times2\times3\times\cdots\times100$ 的值。

(3) 编写程序,求 1~100 中所有奇数的和。

(4) 编写程序,求 1~100 中所有偶数的和。

3.4.2 遍历循环 for 语句

1. for 循环语句

for 循环又称为遍历循环,指在循环中完成对每个元素的逐个访问(遍历)。Python 中的 for 循环常用于遍历列表、元组、字符串以及字典等序列中的元素,以及 zip 迭代器对象中的元素。

for 循环语句的基本语法格式如下:

```
for 变量 in 序列:
    语句块
```

序列可以是字符串、列表、字典集合等组合数据类型,也可以是 range()内置函数生成整数序列(后续章节会对其进行介绍)。循环次数由序列中的元素多少决定。其中,变量 in 序列为条件表达式。

for 循环的执行流程如图 3-5 所示。具体执行流程:

(1) 循环开始时,for 语句内部的计数器自动设置索引号为 0,并读取序列中的 0 号元素,如果序列为空,循环自动结束并退出循环;

(2) 如果序列不为空,for 语句读取索引号指定的元素,并将它复制到变量中;

(3) 执行循环中的语句块,执行完,即完成一次循环;

(4) for 语句内部计数器将索引号自动加 1,继续访问下一个元素;

(5) for 语句自动判断,如果序列中存在下一个元素,重复步骤(2)~(5);

(6) 如果序列中已经没有元素,即此时条件不成立,for 语句会自动退出当前循环语句。

在使用 for 循环时,循环体中的代码可以与循环变量和正在遍历的序列对象无关,只是简单地使用 for 循环来控制循环体中代码的执行次数,序列对象中有多少元素就执行多少次循环体。下面的例子演示了这个用法。

例 3-16 编写程序,使用 for 循环遍历字符串。从键盘输入一串字符,并逐个打印出来。

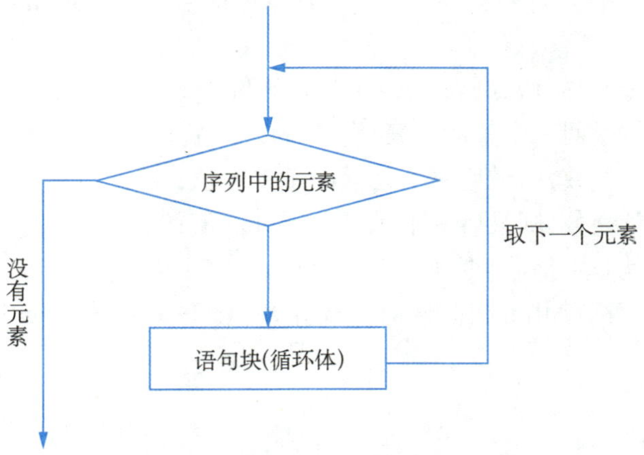

图 3-5　for 循环语句执行流程

参考代码

```
string=input("请输入一个字符串:")
for i in string:    #遍历序列中的每一个元素
    print(i)        #依次输出元素
```

运行结果

```
请输入一个字符串:python
p
y
t
h
o
n
```

程序分析

该例只是简单地使用 for 循环来控制次数，可以不给循环变量起名字。在例题中，主要使用变量 i，循环次数为“python”的字母个数(即 6 次)。第一次循环输出“p”，第二次循环输出“y”，依次输出“t”“h”“o”“n”。

2. for 循环语句与 range()函数

如果需要遍历数字序列，可以使用内置 range()函数。它会生成一个数列。也可以用 range()函数生成的数字序列，指定循环次数。

range()函数可以创建一个整数列表，该函数的语法格式如下：

```
range([start,]stop[,step])
```

参数说明：

(1) start：起始索引号，计数从 start 开始，默认从 0 开始。例如，range(3)等价于 range(0,3)。

（2）stop：终止索引号，计数到 stop 结束，但不包括 stop。例如，range(0,3)是[0,1,2]，不包含 3。

（3）step：步长，默认为 1。例如，range(0,3)等价于 range(0,3,1)。

（4）range()函数返回一个整数列表，它具有以下特征：

① 如果步长是正整数，则最后一个元素小于 stop 值；

② 如果步长是负整数，则最后一个元素大于 stop 值；

③ 步长数必须是非零整数，否则会出现异常。

例 3-17 编写程序，使用 for 循环结构，计算 $S=1+2+3+\cdots+100$ 的值。

参考代码

```
S=0
for i in range(1,101):
    S=S+i
print("S=1+2+3+…+100=",S)
```

运行结果

```
S=1+2+3+…+100=5050
```

程序分析

在此程序中，“range(1,101)”表示从 1 开始，到 101 为止（不包括 101）；步长为 1，表示 1,2,3,4,…,100 的整数序列。“for i in range(1,101)”的语义是把这些数依次赋值给变量 i。

当 i 为 1 时，条件表达式 i in range(1,101)为真，执行循环体 S=S+i，即 S=0+1，S=1；

当 i 为 2 时，条件表达式 i in range(1,101)为真，执行循环体 S=S+i，即 S=1+2，S=1+2；

当 i 为 3 时，条件表达式 i in range(1,101)为真，执行循环体 S=S+i，即 S=1+2+3；

……

当 i 为 100 时，条件表达式 i in range(1,101)为真，执行循环体 S=S+i，即 S=1+2+3+…+99+100；

当 i 为 101 时，条件表达式 i in range(1,101)为假，结束 for 循环。

例 3-18 求出 1 000 以内的水仙花数。（水仙花数：是一个三位数，其各位数字的立方和等于该数本身，例如 $153=1^3+5^3+3^3$，则 153 是一个水仙花数）

参考代码

```
print("水仙花数有:")
for i in range(100,1000):
    if i==(i//100)**3+(i//10%10)**3+(i%10)**3:
        print(i)
```

运行结果

```
水仙花数有:
153
370
371
407
```

程序分析

在该例题中,已知水仙花数是一个三位数,最小的数值为 100,最高的是 999,则 range( )函数的范围应为 100~1 000(不包括 1 000),且需要求出个位(i%10)、十位(i//10%10 或 i%100//10)、百位(i//100)。

range( )函数一般与 for 循环搭配使用,以控制 for 循环中代码段的执行次数,输出字符串中的每个元素。

例 3-19 使用 range( )函数输出每一个字符。

参考代码

```
string=input("请输入一个字符串:") #如输入 abcd
for i in range(len(string)): #len()表示字符个数 4
    print(string[i])      #索引取出每一个字符
```

运行结果

```
请输入一个字符串:abcd
a
b
c
d
```

程序分析

在此程序中,从键盘输入“abcd”。len( )表示长度,abcd 共 4 个长度。range(4)表示[0,1,2,3]。string[i]表示根据索引号取对应的字符,如 string[0]表示为字符串第一个字符“a”,因此依次输出 a、b、c、d。

例 3-20 求 1~100 之间能被 7 整除,但不能同时被 5 整除的所有整数。

参考代码

```
for i in range(1,101):
    if i %7 ==0 and i%5!=0:
        print(i,end=" ")
```

运行结果

```
7 14 21 28 42 49 56 63 77 84 91 98
```

在此程序中，循环结构与选择结构进行关联，即可找出所有满足要求的整数。

3.4.3 循环嵌套

1. 循环嵌套的基本方法

在循环结构中分为单重循环和多重循环。若一个循环语句的循环体内包含另一个完整的循环结构，则称为循环的嵌套。嵌在循环体内的循环称为内循环，嵌有内循环的循环称为外循环。内循环中还可以嵌套循环，这就是多重循环。循环嵌套是外循环每循环 1 次，都要执行一遍内循环。

while 循环语句和 for 循环语句可以互相嵌套，自由组合。外层循环体中可以包含一个或多个内层循环结构。

注意：各循环必须完整包含，相互之间不允许有交叉现象。另外，Python 程序设计原则是“扁平胜于嵌套”，因此，在程序设计中，要减少嵌套语句的应用。

例 3-21 使用循环嵌套输出如下图形。

```
**********
**********
**********
**********
**********
```

参考代码

```
i=1                                  #创建外循环变量 i,初始值为 1
while i<6:                           #外循环 5 次
    j=1                              #创建内循环变量 i,初始值为 1
    while j<11:                      #内循环 10 次
        print("*",end='')            #输出 *,取消换行
        j=j+1                        #内循环变量变化的规律
    print()                          #内循环结束,换行
    i=i+1                            #外循环变量变化的规律
```

运行结果

```
**********
**********
**********
**********
**********
```

程序分析

该例题中要求输出的图形，使用 5 个 print(" ********** ")即可实现。因此，在程序设计时，利用外循环实现循环 5 次的 print()输出。此外，在一个 print()中一排需要输出 10 个“ * ”，因此内循环可以实现 10 次，每次输出一个“ * ”。

上述程序在执行过程中，由于 print()函数内没有任何参数，所以会执行换行操作。因

此,在语句中还需取消换行,即采用 end=' '的语句。内循环每执行完一次,print( ) 函数就完成一行 10 个“ * ”的输出。

思考:如何使用 for 循环语句完成例 3-21 图形的输出?

例 3-22　编写程序,输出以下九九乘法表。

1*1=1
1*2=2 2*2=4
1*3=3 2*3=6 3*3=9
1*4=4 2*4=8 3*4=12 4*4=16
1*5=5 2*5=10 3*5=15 4*5=20 5*5=25
1*6=6 2*6=12 3*6=18 4*6=24 5*6=30 6*6=36
1*7=7 2*7=14 3*7=21 4*7=28 5*7=35 6*7=42 7*7=49
1*8=8 2*8=16 3*8=24 4*8=32 5*8=40 6*8=48 7*8=56 8*8=64
1*9=9 2*9=18 3*9=27 4*9=36 5*9=45 6*9=54 7*9=63 8*9=72 9*9=81

参考代码

```
for x in range(1,10):                         #循环变量 x 从 1 循环到 9
    for y in range(1,x+1):                    #循环变量 y 从 1 循环到 x+1
        print(y,"*",x,"=",x*y,"",end="")      #输出乘法表达式
    print("")                                 #输出空字符串,作用是换行
```

运行结果

```
1*1=1
1*2=2 2*2=4
1*3=3 2*3=6 3*3=9
1*4=4 2*4=8 3*4=12 4*4=16
1*5=5 2*5=10 3*5=15 4*5=20 5*5=25
1*6=6 2*6=12 3*6=18 4*6=24 5*6=30 6*6=36
1*7=7 2*7=14 3*7=21 4*7=28 5*7=35 6*7=42 7*7=49
1*8=8 2*8=16 3*8=24 4*8=32 5*8=40 6*8=48 7*8=56 8*8=64
1*9=9 2*9=18 3*9=27 4*9=36 5*9=45 6*9=54 7*9=63 8*9=72 9*9=81
```

程序分析

九九乘法表使用 for 语句的循环嵌套更容易实现,循环次数确定。外循环控制行,内循环控制列。此程序中的第 2 个 print( ) 函数应与内循环左对齐,以表明它是外循环中的语句。每次外循环执行一次,用于换行。

思考:

1. 使用 while 循环输出九九乘法表。
2. 请使用循环嵌套完成:

(1) 输出以下图形。

*
**

```
***
****
******
```

(2) 输出倒三角形的九九乘法表。

```
9*1=9 8*1=8 7*1=7 6*1=6 5*1=5 4*1=4 3*1=3 2*1=2 1*1=1
8*2=16 7*2=14 6*2=12 5*2=10 4*2=8 3*2=6 2*2=4 1*2=2
7*3=21 6*3=18 5*3=15 4*3=12 3*3=9 2*3=6 1*3=3
6*4=24 5*4=20 4*4=16 3*4=12 2*4=8 1*4=4
5*5=25 4*5=20 3*5=15 2*5=10 1*5=5
4*6=24 3*6=18 2*6=12 1*6=6
3*7=21 2*7=14 1*7=7
2*8=16 1*8=8
1*9=9
```

3. 计算 1!+2!+3!+…+n!

3.4.4 break，continue，else，pass 语句

微课：break，continue，else，pass 语句

循环结构在条件满足的情况下会一直循环，只有当循环条件为假时退出循环。然而，在某些场合，需要满足一定的条件就立即终止程序循环，结束正在执行的循环操作。例如，当某些游戏运行时，按下〔ESC〕键，将终止程序主循环，结束游戏。Python 语言中提供了两个保留字：break 和 continue 语句，以实现循环的控制。这两个语句不能在循环结构之外使用。

else 语句可以与 while 循环和 for 循环结合使用，当循环正常结束时，执行 else 语句。pass 语句为空语句，不执行任何操作。

1. break 语句

break 语句可以跳出 for 和 while 循环。如果程序在 for 或 while 循环中终止，任何对应的循环体语句将不再执行。break 语句的作用是从循环体内部跳出，即结束循环。因此，break 语句有时也称为断路语句。该语句通常和 if 结构结合使用。while 循环中 break 语句的语法格式如下：

```
while 判断条件:
    语句块 1
    if 判断条件:
        break
    语句块 2
```

for 的循环中 break 语句的语法格式如下：

```
for 变量 in 序列:
    语句块 1
    if 判断条件:
        break
    语句块 2
```

观察如下示例。

示例代码

```
x=1
while True:
    x=x+1
    print(x)
    break
```

程序分析

假设以上程序没有使用 break 语句，由于 while 条件为 True，即条件永远为真，程序将一直进行下去，进入死循环。此时就需使用 break 语句来结束循环。在代码块最后加上 break 语句后，程序只运行一次，输出“2”之后结束循环，这证明了 break 语句能立即跳出循环的特性。也可以给 break 语句设定执行条件，当条件满足时，再执行退出操作。

例 3-23　编写程序，求 100 以内能被 7 整除的最大正整数。

参考代码

```
for i in range(100,0,-1):  #100 以内的数，找最大的数，逆序写
    if i%7==0:     #能被 7 整除
        print(i)   #输出 i
        break  #找到立即终止循环
```

运行结果

```
98
```

程序分析

在此程序中，循环结构与选择结构进行嵌套，一旦 break 语句被执行，整个循环将提前结束。如果删除 break 语句，则会输出 100 以内能被 7 整除的所有的数：98，91，84，77，70，63，56，49，42，35，28，21，14，7。

例 3-24　强制跳出循环案例。编写程序，实施通过键盘输入一串字符，并一一输出，在输出过程中若遇到字符“a”，则立即停止输出。

参考代码

```
string=input("请输入一串字符:")
for i in string:
    if i=='a':
        break
    print(i)
```

运行结果

```
请输入一串字符:bcdaefg
b
```

```
c
d
```

程序分析

此程序运行后可通过提示语输入一串字符“bcdaefg”，for 循环将逐个打印。由于在遍历过程中输出 b、c、d 后，出现了字符“a”，所以 if 条件成立，执行 break 语句，循环立即终止。因此，最终只打印出字符 b、c、d。

例 3-25 编写程序，计算满足条件的最大整数 n，使得 $1+2+3+\cdots+n\leqslant 5\,050$。

参考代码

```
n=1                        #创建循环变量 n,赋值为 1
s=0                        #创建求和值变量 s,赋值为 0
while True:                #循环
    s=s+n                  #求和,将结果放入 s 中
    if s>5050:             #当 s>5050 时
        break              #跳出循环
    n=n+1                  #变量 n+1
print(n-1)                 #输出 n-1
```

运行结果

```
100
```

程序分析

本例中的循环次数不确定，因此，循环语句使用 while 结构，判断条件为 True，即“while True”，达到永久循环，为避免出现死循环，需要使用 break 语句来终止循环。由此，基本的编程思路为，可以在循环体中计算累加的结果，并用 if 语句检查计算结果是否达到 5 050，如果达到就不再继续执行循环，终止累加，n-1 的值即为要求的数。

例 3-26 有一箱苹果，以 4 个为单位进行计数，最后余下 1 个；以 5 个为单位进行计数，最后余下 2 个；以 9 个为单位进行计数，最后余下 7 个。编写程序，计算这箱苹果至少有多少个。

参考代码

```
i=1
while True:
    if i%4==1 and i%5==2 and i%9==7:
        print(i)
        break
    i=i+1
```

运行结果

```
97
```

程序分析

本例中的循环次数不确定,因此,循环语句使用 while 结构。采用余数的概念进行程序设计,找到满足条件的数后,break 语句终止循环。

2. continue 语句

有时并不希望终止整个循环操作,而只是希望提前结束本轮循环,执行下一轮循环。这可以使用 continue 语句实现。continue 语句用于中断当前这一轮的循环,跳过本轮剩余的语句,直接开始下一轮循环,直到循环控制条件不满足,结束循环,执行后面的语句。continue 语句也称为短路语句,只是对本次循环短路,并不终止整个循环。

例 3-27 输出 1~20 之间所有的奇数。

参考代码

```
for i in range(1,21):     #循环,i 的取值从 1 到 20
    if i%2 ==0:           #判断 i 是否为偶数
        continue          #是偶数跳出本次循环
    else:                 #是奇数时就输出 i 的值
        print(i,end=" ")
```

运行结果

```
1 3 5 7 9 11 13 15 17 19
```

程序分析

能被 2 整除的为偶数,不能被 2 整除为奇数。因此,可以设置值为偶数时,使用 continue 语句跳出本轮循环。若将程序中的 continue 语句换成 break 语句,则只能输出 1。因为当 i=2 时,满足偶数条件,break 语句终止循环。

例 3-28 编写程序,输入 5 个数,求其中正数的和。

参考代码

```
s=0
for i in range(5):  #循环,i 的取值从 1 到 20
    n=int(input("请输入一个整数:"))
    if n<0:            #判断 n 是否为负数
        continue      #是负数跳出本次循环
    else:            #是正数数时就输出累加
        s=s+n          #依次累加
print(s)
```

运行结果

```
请输入一个整数:6
请输入一个整数:-2
请输入一个整数:9
请输入一个整数:-8
```

```
请输入一个整数:7
正数之和是:22
```

程序分析

for i in range(5)表示循环 5 次。若为负数,则执行 continue 语句,跳过本轮循环。若为正数,则执行 else 后的累加语句,求出结果。

例 3-29 编写程序,输出 1~50 之间既不能被 3 又不能被 5 整除的数。

参考代码

```
for i in range(1,51):
        if i%5 ==0 and i%3 ==0:     #若能同时被 5 和 3 整除,则跳过
                continue
        print(i,end=" ")                  #若为其他数,则输出
```

运行结果

```
    1 2 3 4 5 6 7 8 9 10 11 12 13 14 16 17 18 19 20 21 22 23 24 25 26 27 28 29 31 32 33 34 35 36
37 38 39 40 41 42 43 44 46 47 48 49 50
```

程序分析

此例中要求输出不能同时被 3 和 5 整除的数,在程序设计时,可以反向研究能同时被 3 和 5 整除的数。

使用 break 语句和 continue 语句时,应注意以下几点。

(1) 共同点:break 语句和 continue 语句都可以在 while 循环和 for 循环中使用,并且通常与选择结构结合使用,以达到在特定条件得到满足时跳出循环的目的。

(2) 区别:一旦 break 语句被执行,整个循环将提前结束。而 continue 语句的作用是终止本轮循环,并忽略 continue 语句之后的所有语句,直接回到循环的顶端,提前进入下一轮循环。

(3) 缺点:过多的 break 语句和 continue 语句会严重降低程序的可读性。除非 break 语句或 continue 语句可以让代码更简单或更清晰,否则不要轻易使用。

3. else 语句

else 语句主要用于选择结构中。在 Python 中,for 循环、while 循环、异常处理结构中都可以使用 else 语句。在循环中使用时,else 语句在循环正常结束后被执行,也就是说,如果有 break 语句,会跳过 else 语句块。当执行 else 语句时,for 循环已经迭代完整个列表;如果 else 语句中使用 while 循环,那么,当条件为假时,else 语句被执行。

else 语句的语法格式如下:

```
while 判断条件:
        语句块 1
[else:
        语句块 2]
```

```
for 变量 in 序列:
        语句块 1
[else:
        语句块 2]
```

例 3-30　编写程序,实现字符串遍历。

参考代码

```
string = "hello python"
for i in string:
    print(i,end = "")
else:
    print("字符串遍历结束")
```

运行结果

```
hello python 字符串遍历结束
```

程序分析

在此程序中,当循环遍历结束时,else 语句才会被执行。如果在 print(i, end = "")后加一个 break 语句,else 语句就不会执行。

例 3-31　编写程序,输出 500 以内最大的素数。

参考代码

```
for n in range(500,1,-1):
    for i in range(2,n):
        if n%i == 0:
            break
        else:
            print(n)
            break
```

运行结果

```
499
```

程序分析

内置函数 range()的第三个参数 step 可以为负数,并且其返回的 range 对象限定为左闭右开区间,这一点尤其要注意。根据题目描述,在从[500,1)区间上从大到小找到第一个素数即可。所谓素数,是指除了 1 和自身之外没有其他因数的正整数。如果一个正整数 n 是素数,那么从 2 到 $n-1$ 之间必然没有因数。

4. pass 语句

pass 语句主要是为了保持程序结构的完整性而设计的,一般用作占位符,可以用在程序中的任何地方。pass 是一个表示空操作的语句,执行时直接跳过,且不影响其后语句的执行。

在某些必要的语句(如条件语句中的各语句序列)还没有编写的情况下,如果要运行程序,可以先在这些必要语句处写上“pass”,使得程序不存在语法错误,能够正常运行。

例 3-32 编写程序,输出 1~10 以内的奇数。

参考代码

```
for i in range(1,11):   #循环,i 的取值从 1 到 10
    if i%2 ==0:   #判断 i 是否为偶数
        pass
        print("pass 语句处将来可以添加偶数处理的代码")
        continue     #是偶数跳出本次循环
    else:              #是奇数时输出
      print(i,end=" ")        #输出 i
```

运行结果

```
1 pass 语句处将来可以添加偶数处理的代码
3 pass 语句处将来可以添加偶数处理的代码
5 pass 语句处将来可以添加偶数处理的代码
7 pass 语句处将来可以添加偶数处理的代码
9 pass 语句处将来可以添加偶数处理的代码
```

程序分析

在此程序中,当 i 为偶数时,执行 pass 语句其后的“print("pass 语句处将来可以添加偶数处理的代码")”。如果程序省略了 pass 语句,运行结果没有任何变化。但使用 pass 语句,可以作为将来添加偶数处理的代码的占位符,提高了程序的可读性。

3.5 综合案例

3.5.1 百钱买百鸡问题

例 3-33 中国古代数学家张丘建在《算经》中提出了一个著名的“百钱买百鸡问题”:鸡翁一,值钱五;鸡母一,值钱三;鸡雏三,值钱一;百钱买百鸡,问翁、母、雏各几何?请写出多种组合方案。

参考代码

```
for x in range(0,21):#鸡翁范围在 0~20 之间
    for y in range(0,34):#鸡母范围在 0~33 之间
        for z in range(3,100):#鸡雏范围在 3~99 之间
            if (5*x+3*y+z/3)==100 and x+y+z==100 and z%3==0:#同时满足条件
                print("鸡翁:",x,"鸡母:",y,"鸡雏:",z)#输出
```

运行结果

```
鸡翁：0 鸡母：25 鸡雏：75
鸡翁：4 鸡母：18 鸡雏：78
鸡翁：8 鸡母：11 鸡雏：81
鸡翁：12 鸡母：4 鸡雏：84
```

程序分析

在本例中，使用了三重循环、穷举法。在一个 if 语句中，当条件较多时，使用 and 连接。利用数学思想，先使用 x、y、z 分别表示鸡翁，鸡母，鸡雏。再根据条件列出方程式以及鸡雏数量应满足 3 的倍数。

知识库

鸡兔同笼问题

鸡兔同笼是我国古代的一个著名的典型趣题，它是记载在《孙子算经》这本书中的一个算术题："今有雉兔同笼，上有三十五头，下有九十四足，问雉兔各几何？"其本质上是一个二元方程组。

"百钱买百鸡"和"鸡兔同笼"都体现了中华优秀传统文化的源远流长、博大精深，是中华文明的智慧结晶。其中蕴含的天下为公、民为邦本、讲信修睦、亲仁善邻等思想，是中国人民在长期生产生活中积累的宇宙观、天下观、社会观、道德观的重要体现，同社会主义核心价值观主张高度契合。

3.5.2 猜拳游戏

例 3-34 编写程序，模仿猜拳游戏。要求输入两个用户的不同手势，判断输赢后输出。

参考代码

```
player1=int(input("请用户 1 输入:0(剪刀)  1(石头)  2(布):")#获取用户 1 输入的信息并赋值
player2=int(input("请用户 2 输入:0(剪刀)  1(石头)  2(布):"))#获取用户 2 输入的信息并赋值
if player1<0 or player1>2 or player2<0 or player2>2: #输入了游戏规则以外的数字
  print("请遵守游戏规则")                         #输出"请遵守游戏规则"
else:              #输入正确
    if ((player1 == 0) and (player2 == 2)) or ((player1 == 1) and (player2 == 0)) or
((player1==2) and (player2==1)):                         #用户 1 所有能获胜的判断条件
            print("用户 1 获得胜利")                   #输出"用户 1 获得胜利"
        elif player1==player2:                    #用户 1 输入与用户 2 相同时
            print("平局,再来一局")                   #输出"平局,再来一局"
        else:                        #用户 2 获胜
            print("用户 2 获得胜利")                   #输出"用户 2 获得胜利"
```

运行结果

```
请用户 1 输入:0(剪刀)  1(石头)  2(布):0
请用户 2 输入:0(剪刀)  1(石头)  2(布):2
用户 1 获得胜利
```

程序分析

猜拳游戏是对石头、剪刀、布三种不同的手势进行判定。需要输入两个用户,并考虑两个用户分别获得胜利或平局情况。因此,在程序设计时可以采用多条件、多分支的 if... elif... else 结构。

3.5.3 奇偶计算

例 3-35 编写程序,输入一个正整数,如果是偶数就除以 2,如果是奇数就乘以 3 再加 1,对得到的数字重复这个操作,计算经过多少次之后会得到 1,并输出所需要的次数。

参考代码

```
n=int(input("请输入一个正整数:"))
count=0
while True:
    if n%2==0:
        n=n//2
    else:
        n=n*3+1
    count+=1
    if n==1:
        print(count)
        break
```

运行结果

```
请输入一个正整数:10
9
```

程序分析

如果无法提前确定循环次数,使用 while True 和 break 的组合是比较好的选择。

3.5.4 素数判断

例 3-36 快速判断一个数是否为素数。

参考代码

```
n=int(input("请输入一个数:"))
if n in (2,3):
```

```
        print('是素数')
    #偶数必然不是素数
    elif n%2==0:
        print('不是素数')
    else:
        #大于 5 的素数必然出现在 6 的倍数两侧
        #因为 6x+2、6x+3、6x+4 肯定不是素数,假设 x 为大于 1 的自然数
        m=n%6
        if m!=1 and m!=5:
            print('不是素数')
        else:
            for i in range(3,int(n**0.5)+1,2):
                if n%i==0:
                    print('不是素数')
                    break
            else:
                print('是素数')
```

3.5.5 三位数组合问题

例 3-37　使用数字 1、2、3、4,能组成多少个互不相同且无重复数字的三位数？同时输出各组数字。

参考代码

```
count=0
for i in range(1,5):
    for e in range(1,5):
        for j in range(1,5):
            if (i!=e) and (i!=j) and (e!=j):  #每个数字的位置各不相同
                print(i,e,j)
                count+=1
print("一共有%d 组"%count)
```

运行结果

```
1 2 3
1 2 4
1 3 2
1 3 4
1 4 2
1 4 3
2 1 3
2 1 4
2 3 1
2 3 4
```

```
2 4 1
2 4 3
3 1 2
3 1 4
3 2 1
3 2 4
3 4 1
3 4 2
4 1 2
4 1 3
4 2 1
4 2 3
4 3 1
4 3 2
一共有 24 组
```

3.5.6 猜数游戏升级版

例 3-38 要求：允许用户最多尝试 3 次，若尝试 3 次后仍未猜对，则询问用户是否还想继续玩，若回答 Y 就继续让其猜 3 次。以此往复，若回答 N，则提示游戏结束，并退出程序，若用户猜对数字，则提示答对并退出循环。

参考代码

```
import random  #导入随机函数
num1 = random.randint(1,10)
i = 1
while True:
    user_game = int(input('请输入一个数:'))
    if user_game == num1:
        print('恭喜答对')
        break
    if user_game < num1:
        print('数字有点小')
    if user_game > num1:
        print('数字有点大')
    if i == 3:
        user_game1 = input('是否继续想玩,玩(Y)不玩(N):')
        if user_game1 == 'Y':
            i = 0
        if user_game1 == 'N':
            print('游戏结束')
            break
    i += 1
```

运行结果

```
请输入一个数:1
数字有点小
请输入一个数:2
数字有点小
请输入一个数:3
数字有点小
是否继续想玩,玩(Y)不玩(N):Y
请输入一个数:5
数字有点小
请输入一个数:7
数字有点小
请输入一个数:9
恭喜答对
```

程序分析

在运行中,因为是随机函数产生的数,所以本例题的运行结果会有多种情况。上述运行结果只作为参考。

本章总结

本章主要介绍了 Python 的流程控制语句。其中的核心知识点包括:

(1) 结构化程序设计借助流程图等工具进行设计,包含顺序结构、选择结构和循环结构三种基本流程。顺序结构无需特殊语句处理,通常程序会按代码顺序逐条执行。而选择结构和循环结构则需依赖特定的语法规则和语句来实现其逻辑控制。

(2) 在 Python 编程中,选择结构通过 if 语句实现,而循环结构则通过 for 语句和 while 语句来构建。if 语句用于条件判断,依据条件的真假来决定执行路径。for 循环适用于已知循环次数的场景,能够简洁明了地遍历序列或迭代对象。while 循环则更适合于循环次数未知、需依据条件动态判断的场合。无论是选择结构还是循环结构,它们都支持嵌套使用,并且彼此之间也可以相互嵌套,从而灵活地实现复杂的业务逻辑。通过合理嵌套这些结构,程序员可以设计出功能强大且逻辑清晰的程序。

(3) 跳转语句包括 break 和 continue 语句。break 语句的作用是从循环体内部跳出,continue 语句必须用于循环结构中,其作用为跳过当前循环,进入下一轮循环。除非可以让程序变得更简单或更清晰,否则不要轻易使用跳转语句。

(4) 在循环中使用时,else 语句在循环正常结束后被执行。pass 语句的含义是空语句,主要用于保持程序结构的完整性。

本章内容是编程的基础,学生需要通过不断地编写代码和阅读、分析程序来提高自身的编码能力。

课后习题

一、选择题

1. 下列选项中,不属于 Python 循环结构的是(　　)。

A. for 循环　　B. while 循环　　C. do... while 循环　　D. 嵌套的 while 循环

2. 以下叙述正确的是(　　)。

A. continue 语句的作用是结束整个循环的执行

B. 只能在循环体内使用 break 语句

C. 在循环体内使用 break 语句或 continue 语句的作用相同

D. 从多层循环嵌套中退出时,只能使用 goto 语句

3. 以下关于分支和循环结构的描述,错误的是(　　)。

A. python 的在分支和循环语句里使用如“x<=y<=z”的表达式是合法的

B. while 循环如果设计不当会出现死循环

C. 双分支结构的“<表达式 1>if<条件> else<表达式 2>”形式,适合用于控制程序分支

D. 分支结构的中的代码块是用冒号来标记的

4. 以下关于循环控制语句描述错误的是(　　)。

A. 在 Python 中,for 语句可以在任意序列上进行迭代访问,例如列表、字符串和元组

B. 在 Python 中,if... elif... else 结构中必须包含 else 子句

C. 在 Python 中,switch... case 语句可以用 if... elif... else 来等价表达

D. 循环可以嵌套使用,例如,一个 for 语句中有另一个 for 语句,一个 while 语句中有另一个 for 语句等

5. 当 $n=10$ 时,以下程序的输出结果是(　　)。

```
n=eval(input("请输入一个自然数 n"))
if n<10:
    n+=1
else:
    n-=1
print(n)
```

A. 9　　B. 10　　C. 11　　D. 错误代码

6. 下列程序段执行后,输出结果是(　　)。

```
n=1
s=1
while n<5:
     s=s*n
     n=n+1
print(s)
```

A. 24　　B. 120　　C. 10　　D. 15

7. 下列程序段执行后,输出结果是(　　)。

```
for i  in range(1,5,5):
    print(i)
```

A. 2　　B. 1　　C. 4　　D. 5

8. 下列程序段执行后，输出结果是(　　)。

```
i,j,k=1,3,5
while i!=0:
    if i%3==0:
        if i%5==0:
            print(i)
            break
    i=i+1
```

A. 15　　B. 3　　C. 5　　D. 死循环

9. 下列程序段执行后，输出结果是(　　)。

```
x=10
while x>0:
    if x%2==0:
        continue
    if x==4:
        break
    x=x+1
print(x)
```

A. 1　　B. 4　　C. 6　　D. 死循环

10. 下列程序段执行后，输出结果是(　　)。

```
x=10
y=20
if x>10:
    if y >20:
        z=x+y
        print(z)
else:
    print(x)
```

A. 没有输出　　B. 10　　C. 20　　D. 30

二、填空题

1. 已知 $A=6,B=1,C=4$，执行表达式“A>B and C>A or A<B and C>B”后输出的值是____________。

2. 以下程序的输出结果是________。

```
x=10
y=20
z=30
if x<y:
    z=x
    x=y
    y=z
print(x,y,z)
```

3. 以下程序对输入的两个整数,按从小到大的顺序输出,请填空使程序完整。

```
a=int(input("输入 a 的值:"))
b=int(input("输入 a 的值:"))
if  (1)________:
    t=a
    a=b
    (2)_______
print(a,b)
```

4. 以下程序的输出结果是___________。

```
i,j,k=1,3,5
while i!=0:
     if i%j==0:
         if i%k==0:
            print(i)
            break
     i=i+1
```

5. ________语句用来提前结束循环结构,继续执行循环结构后面的代码。

6. ________语句用来提前结束本轮循环,跳过循环结构中该语句后面的代码,提前进入下一轮循环。

7. 有以下程序,在程序中输入 10 后按〔Enter〕键,执行后输出结果是_______________。

```
s=int(input("请输入一个整数:"))
if s%2==0:
    print("这是一个偶数")
else:
    print("这是一个奇数")
```

8. 某商场元旦期间举行满减活动,规则如下:消费低于 100 元时没有减免,满 100 元减 30 元,满 300 元减 100 元,满 500 元减 200 元。请填空使程序完整。

```
x=int(input("请输入一个消费金额:"))
if x>0:
    if (1)________
        cost=x
    elif x<300:
        (2)________
    elif x<500:
        cost=x-100
        (3)_______
          (4)_______

    print("您的消费金额为:",x)
    print("应付金额为",cost)
else:
    print("输入错误!")
```

9. 以下程序的输出结果是____________。

```
for s in "I Love China":
    if s=="i":
       continue
    print(s,end="")
```

10. 已知 $y=1+1/2+1/3+1/4+1/5+\cdots+1/n$。以下程序用于求当 $y<2$ 时，n 的最大值及对应 y 的值。请填空使程序完整。

```
n=1
y=0
while (1)________:
    y+=1/n
    (2)________

(3) ________
print("n的最大值为",n-2)
print("此时y的值为",y)
```

三、编程题

1. 自定义一个变量 score，分数由用户进行输入，判断等级。判断条件为优良中差 4 个等级：优（90~100 分），良（80~90 分），中（60~80 分），差（低于 60 分）。

2. 编写程序，使用 if... elif... else 判断输入数据是正负数还是 0。

3. 实现以下分段函数的编程。

$$y=\begin{cases}3x+8, & x>0,\\ 2x-6, & x=0,\\ 8-3x, & x<0。\end{cases}$$

4. 从键盘上输入两个整型变量 x，y，利用嵌套语句判断横坐标和纵坐标的大小，并输出象限。

5. 从键盘输入一个三位数，判断它是不是大于 500。若大于 500，请输出它的个位、十位、百位上对应的数字，否则输出个位、十位、百位上数字的求和。

6. 鸡兔同笼问题，假设共有鸡、兔 30 只，脚 90 只，求鸡、兔各有多少只？

7. 求自己的 3 科考试的总分和平均分。

8. 输入身高和体重，输出身体质量指数（BMI），并根据 BMI 的值，输出医学建议。标准如下：当 BMI<18.5 时，输出“您的体重过低，请适当增肥”；当 18.5≤BMI<24 时，输出“恭喜您，体重正常，注意保持哦”；当 24≤BMI<28 时，输出“您的体重已超标，要加强运动”；当 BMI>=28 时，输出“您已进入肥胖范围，要开始减肥了”。

9. 将一个正整数分解质因数并输出。例如：输入“60”时，输出“60=2*2*3*5”。

第4章 字 符 串

本章导读

字符串是 Python 中的一种基本数据类型，是用单引号、双引号或三引号括起来的任意文本。字符串处理是 Python 编程的重要内容之一。第 2 章在介绍基本数据类型时，已经对字符串进行了简单的介绍。在此基础上，本章将进一步讨论字符串的各种操作，主要包括通用序列操作、字符串格式化操作和常用方法。

学习目标

- 掌握通用序列的操作方法。
- 掌握字符串格式化操作方法。
- 掌握常用的字符串方法。
- 掌握针对字符串的程序设计方法。

学习导航

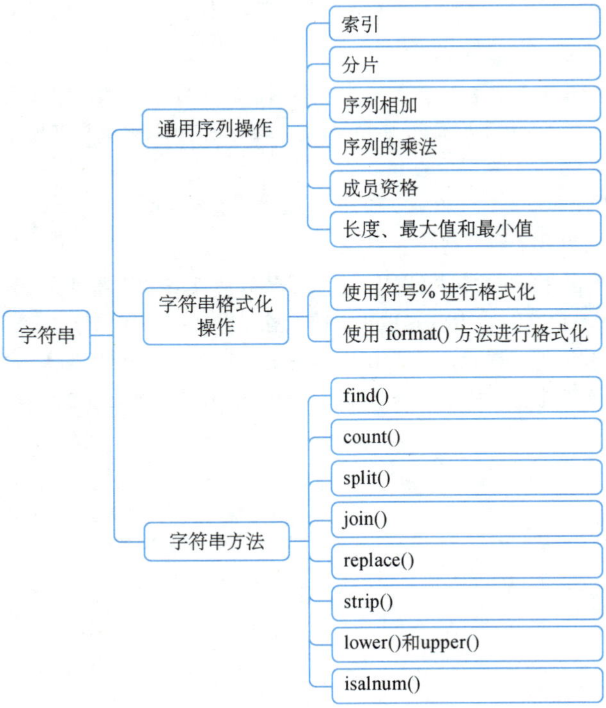

4.1 通用序列操作

微课：通用序列操作

字符串中可以包含数字、字母、中文字符、特殊符号，以及一些不可见的控制字符，如换行符、制表符等。字符串的形式示例如下：

```
>>> str1 = 'abcd'          #使用单引号
>>> str2 = "Python"        #使用双引号
>>> str3 = '123'
>>> str4 = 'a=1+2^3 * 4'
>>> str5 = 'don\'t'           #在字符串中使用转义字符包含一个单引号
>>> str5
"don't"
>>> str6 = "don't"            #使用双引号包含一个单引号
>>> str6
"don't"
```

本章将引入一个新概念——数据结构。数据结构是通过某种方式（如对元素进行编号）组织在一起的数据元素的集合，这些元素可以是数字或字符。在 Python 中，最基本的数据结构是序列（Sequence）。Python 包含多种内建序列，如字符串（string）、列表（list）、元组（tuple）、字典（dict）和集合（set）等。其中，字符串、列表和元组是最常使用的，它们具有以下特点：

(1) 在所有序列类型中，列表是最通用的。列表元素可以是任何对象。列表是可变的，这意味着它们可以被更改。列表元素可以更新、删除，也可以插入。

(2) 元组与列表相似，区别在于元组是不可变的，这意味着它们在定义之后无法更改。

(3) 字符串与列表和元组略有不同，字符串只能存储字符，是不可变数据类型。

因此，在具体讲解字符串之前，本节先介绍 Python 中序列的通用操作，包括索引（indexing），分片（slicing），序列相加（adding），序列的乘法（multiplying），成员资格，长度、最小值和最大值。这些操作在字符串中都会用到。

4.1.1 索引

序列是 Python 中最基本的数据结构。序列中的每个元素都会被分配一个数字，代表它在序列中的位置（即索引）。字符串的索引见表 4-1。第一个索引是 0，第二个索引是 1，依此类推。索引还可以取负值，从右往左，最后一个元素的索引为 -1，倒数第二个为 -2，依此类推。

表 4-1　字符串的索引

字符	p	y	t	h	o	n
索引（正）	0	1	2	3	4	5
索引（负）	-6	-5	-4	-3	-2	-1

序列中获取元素的方式：在变量后加中括号，在中括号中输入所取元素的编号值。其基本语法格式如下：

```
变量名[索引下标]
```

通过以下示例可以更好地理解索引。

示例代码

```
>>>language='Python'      #定义变量 language，并赋值 Python
>>>language[0]    #根据编号取元素，使用格式：在中括号中输入所取元素的编号值
'P'
>>> language[1]
'y'
>>> language[2]
't'
>>> language[-1]
'n'
>>> language[-2]
'o'
```

在以上示例中，进行字符串索引时定义了变量。实际上，不定义变量也是可行的。下面来看一个例子，在交互模式下输入：

```
>>>'Python'[0]
'P'
>>>'Python'[1]
'y'
>>>'Python'[-1]
'n'
>>>'Python'[-2]
'o'
```

可以看到，直接使用索引的效果和定义变量的效果是一样的。

如果函数返回一个序列，是否可以直接对结果进行索引操作呢？在交互模式下输入：

```
>>> thirdth=input()[0]
Python
>>> thirdth
'P'
```

由输出结果可以看到，在上述示例代码中，直接对函数的返回结果进行了索引操作。

索引既可以实现对变量的引用操作，也可以直接操作序列，还可以操作函数的返回序列。

注意：

(1) 索引下标不可以超过字符长度，否则会报错。

示例代码

```
>>>'Python'[6]
IndexError: string index out of range
>>>'Python'[-7]
IndexError: string index out of range
```

(2) 通过字符串的索引,可以组成新的字符串。

示例代码

```
string='father and mother,i love you'
new_word=(string[0]+string[7]+string[11]+string[-10]+string[-8]+string[-3])
print(new_word)
```

运行结果

```
family
```

4.1.2 分片

索引用于访问单个元素,而使用分片可以对一定范围内的元素进行访问。分片通过冒号相隔的两个索引实现。其基本语法格式如下:

```
slice[start:end:step]
```

说明:

(1) [:]:提取从开头(默认位置 0)到结尾(默认位置-1)的整个字符串。

(2) [start:]:从 start 提取到结尾。

(3) [:end]:从开头提取到 end-1。

(4) [start:end]:从 start 提取到 end-1。

(5) [start:end:step]:从 start 提取到 end-1,每 step 个字符提取一个。

注意:

(1) 序列都可以进行分片操作,不仅字符串可以进行分片,列表和元组也同样支持这一操作。

(2) 分片遵循“取头不取尾”的原则,即包括起始索引而不包括结束索引。

(3) 分片操作不会修改原始对象的内容,而是返回一个新的对象。

(4) 对于正数步长,起始索引下标 start 必须小于结束索引下标 end;而对于负数步长,起始索引下标 start 则必须大于结束索引下标 end。例如,[0:8:1]表示从索引 0 到索引 7(不包含 8),[8:0:-1]则表示从索引 8 反向到索引 0(不包含 0)。

示例代码

```
truth="台湾是中国不可分割的一部分"
str1=truth[1:3]        #取索引为第一和第二的元素
```

```
print(str1)
str2=truth[-3:-1]        #负数表明从右开始计数,取得倒数第三和倒数第二的元素
print(str2)
str3=truth[0:14]         #14 超出了字符长度,依然可以取出字符串全部字符
print(str3)
str4=truth[8:1]          #起始索引大于结束索引时,当步长为正数时,会产生空字符串
print(str4)
str5=truth[8:1:-1]       #起始索引大于结束索引,但步长为负数时,会倒序输出字符串
print(str5)
```

运行结果

```
湾是
一部
台湾是中国不可分割

割分可不国中是
```

由以上程序的执行过程及输出结果可以看到,分片操作既支持正数索引,也支持负数索引,并且使得提取部分序列变得十分简便。

读者还可以进行以下练习:

(1) 定义一个字符串,内容为“南昌工学院欢迎您”;

(2) 使用切片截取下标为 0~1 的字符,并打印输出;

(3) 使用切片截取下标为 2~末尾的字符,并打印输出;

(4) 使用切片截取下标为 2~倒数第 2 个字符,并打印输出;

(5) 使用切片截取倒序且步长为 3 的字符,并打印输出。

思考:如果要输出字符串中的所有字符,有哪几种方法?

参考代码

```
#方法一:分片方法
str1="台湾是中国不可分割的一部分"
print(str1[0:13])
print(str1[0:])
print(str1[:])
#方法二:for 循环
str1="台湾是中国不可分割的一部分"
for i in str1:
    print(i,end="")
```

运行结果

```
台湾是中国不可分割的一部分
台湾是中国不可分割的一部分
```

```
台湾是中国不可分割的一部分
台湾是中国不可分割的一部分
```

4.1.3 序列相加

使用加号可以进行序列的连接操作。

示例代码

```
t1=(1,2,3)
t2=(4,5,6)
print(t1+t2)

a=[1,2]
b=[5,6]
print(a+b)

s='hello,'
w='world'
print(s+w)
```

运行结果

```
(1,2,3,4,5,6)
[1,2,5,6]
'hello,world'
```

由上面的输出结果可以看到,数字序列之间可以通过加号连接,连接后的结果仍然为数字序列;字符串序列之间也可以通过加号连接,连接后的结果也仍然为字符串序列。

那么,数字序列是否可以和字符串序列相加,结果是数字序列还是字符串序列呢?

示例代码

```
a=[1,2]
s='hello'
print(type([1,2]))
print(type('hello'))
print(a+s)
```

运行结果

```
<class 'list'>     #取得[1,2]的类型为 list
<class 'str'>     #取得 hello 的类型为字符串
Traceback (most recent call last):
File "<stdin>",line 1,in <module>
TypeError: can only concatenate list (not "str") to list
```

由上面的输出结果可以看到,数字序列和字符串序列不能通过加号连接。此时,系统会报错提示。

综合以上输出结果可以得知:只有类型相同的序列才能通过加号进行序列连接操作,不同类型的序列不能通过加号进行序列连接操作。

4.1.4 序列的乘法

序列的乘法不同于数学中定义的乘法。用一个数字 x 乘以一个序列会生成新的序列。在该新序列中,原来的序列将被重复 x 次,这就是序列中的乘法。

示例代码

```
print('hello'*5)
print([7]*5)
```

运行结果

```
'hellohellohellohellohello'
[7,7,7,7,7]
```

由输出结果可以看到,序列被重复了对应的次数,而不是做了数学中的乘法运算。

在 Python 中,序列的乘法有什么特殊之处呢?

如果要创建一个重复序列,可以像上面的示例一样,将目标序列乘以想要得到的序列长度。这样可以快速得到需要的列表,简便且高效。

空字符串可以用两个双引号("")表示。如果想创建一个占用 10 个或更多元素的空间,却不包括任何有用内容的字符串,也可以像上面的示例一样,将空字符串乘以 10 或对应的数字,得到需要的空字符串。

如果要初始化一个长度为 x 的空序列,则需要让每个编码位置上都是空值(即该位置不包含任何元素)。此时,可以使用 Python 的内建值 None 来表示这种空状态,其确切含义是"此处为空"。

示例代码

```
sq="None"*5    #初始化 sq 为含有 5 个 None 的序列
print(sq)
"None,None,None,None,None"
```

例 4-1 编写程序,要求利用序列的乘法运算输出如图 4-1 所示的文字格式。

```
---------------
***************
I LOVE PYTHON !
***************
---------------
```

图 4-1 输出的文字格式

参考代码

```
strs="I LOVE PYTHON !"          #定义字符串并赋值
print("-"*15)                   #利用序列的乘法运算输出 15 个"-"
print("*"*15)                   #利用序列的乘法运算输出 15 个"*"
print(strs)
print("*"*15)                   #利用序列的乘法运算输出 15 个"*"
print("-"*15)                   #利用序列的乘法运算输出 15 个"-"
```

4.1.5　成员资格

Python 提供了 in 运算符用来检查一个值是否在序列中。in 运算符和前面讨论过的运算符有些许不同。in 运算符用于检验某个条件是否为真,并返回检验结果,检验结果为真返回 True,否则,返回 False。这种运算符又称为布尔运算符,返回的真值(True 或 False)称为布尔值。下面尝试使用 in 运算符来判断一个值是否在序列中。

示例代码

```
str1='hello,world'
print('w' in str1)        #检测字符 w 是否在字符串中
print('a' in str1)

users=['xiaomeng','xiaozhi','xiaoxiao']
print('xiaomeng' in users)       #检测字符串是否在字符串列表中
print('xiaohuai' in users)

numbers=[1,2,3,4,5]
print(1 in numbers)        #检测数字是否在数字列表中
print(6 in numbers)

eng='** Studying python is so happy! **'
print('**' in eng)           #检测一些特殊字符是否在字符串中
print('$' in eng)

print('a' in numbers)       #检测字符是否在数字列表中
print(3 in str1)             #检测数字是否在字符串中
```

运行结果

```
True
False
True
False
True
False
True
```

```
False
False
TypeError:'in <string>' requires string as left operand,not int
```

由上面的输出结果可以看到,使用 in 运算符可以很好地检测字符或数字是否在对应的列表中。并且可以看出,数字类型不能在字符串类型中通过 in 运算符进行成员资格检测,而字符串类型可以在数字列表中通过 in 运算符进行成员资格检测。

4.1.6 长度、最大值和最小值

Python 还提供了长度、最大值和最小值的内建函数,对应的内建函数分别为 len()、max()和 min()。其中,len()函数返回序列中所包含元素的个数;min()函数返回序列中最小的元素;max()函数返回序列中最大的元素。

示例代码

```
str1="I LOVE PYTHON!"
print(len(str1))              #返回序列中所包含元素的个数

numbers=[300,200,100,800,500]
print(len(numbers))           #返回序列中所包含元素的个数
print(max(numbers))           #返回序列中最大的元素
print(min(numbers))           #返回序列中最小的元素
print(max(5,3,10,7))          #以多个数字直接作为参数,求取最大值
print(min(7,0,3,-1))          #以多个数字直接作为参数,求取最小值
```

运行结果

```
14
5
800
100
10
-1
```

输入参数为序列时,可以结合前面的解释理解。而当以多个数字直接作为输入参数时,例如该示例代码中的第二个 max()函数和 min()函数,直接求取多个数字的最大值和最小值即可。

思考:对于字符串,如何比较二者的大小呢?

字符串按位逐值比较,首先比较字符串第一位字符,ASCII 较大的字符串被认为更大;若第一个字符相同,则继续比较第二个字符,以此类推。

常见 ASCII 的大小规则:空格<数字(0~9)<大写字母(A~Z)<小写字母(a~z)。另外,还需注意:

(1) 数字比字母要小。如'7'<'F'。

(2) 数字 0 比数字 9 要小,并按 0 到 9 顺序递增。如'3'<'8'。

(3) 字母 A 比字母 Z 要小，并按 A 到 Z 顺序递增。如'A'<'Z'。
(4) 同个字母的大写字母比小写字母要小 32。如'A'<'a'。
(5) 常见字母的 ASCII 大小：'A'为 65；'a'为 97；'0'为 48。

示例代码

```
>>> ord('a')
97
>>> ord('b')
98
>>>'a'<'b'
True
>>>'aa'<'ab'
True
>>>'abc'<'acb'
True
>>>'12a'<'12b'
True
```

知识库

ASCII 知多少？

美国信息交换标准代码(ASCII)是基于拉丁字母的一套计算机编码系统，它是最通用的信息交换标准，并等同于国际标准 ISO/IEC 646。

在计算机中，所有数据的存储和运算都需要使用二进制数表示，因为计算机用高电平和低电平分别表示 1 和 0。例如，像 a、b、c、d(包括大写)这样的 52 个字母及 0、1 等数字，还有一些常用的符号(*、#、@ 等)在计算机中存储时都要用二进制数来表示。每个人都可以设定一套自己的编码来决定二进制数字表示的符号，然而，如果要想互相通信而不造成混乱，那么就必须使用相同的编码规则。基于沟通和发展的目的，美国标准化组织开发出 ASCII，统一规定了上述常用符号所对应的二进制数值表示，见表 4-2。

通过 ASCII，真正实现了人机交互。例如，在键盘上按下〔A〕，其对应的 ASCII 码是 65，因此计算机接收到并存储的是它的二进制形式 01000001。计算机通过识别该二进制编码，就能知道用户输入的是字符“A”。

表 4-2　ASCII 表

Dec(十进制)	缩写/字符	解释	Dec(十进制)	缩写/字符	解释
0	NUL(null)	空字符	78	N	大写字母 N
32	(space)	空格	79	O	大写字母 O
33	!	叹号	80	P	大写字母 P

（续表）

Dec(十进制)	缩写/字符	解释	Dec(十进制)	缩写/字符	解释
34	"	双引号	81	Q	大写字母 Q
35	#	井号	82	R	大写字母 R
36	$	美元符	83	S	大写字母 S
37	%	百分号	84	T	大写字母 T
38	&	和号	85	U	大写字母 U
39	'	闭单引号	86	V	大写字母 V
40	(	开括号	87	W	大写字母 W
41	)	闭括号	88	X	大写字母 X
42	*	星号	89	Y	大写字母 Y
43	+	加号	90	Z	大写字母 Z
44	,	逗号	91	[	开方括号
45	–	减号/破折号	92	\	反斜杠
46	.	句号	93	]	闭方括号
47	/	斜杠	94	^	脱字符
48	0	字符 0	95	_	下划线
49	1	字符 1	96	`	开单引号
50	2	字符 2	97	a	小写字母 a
51	3	字符 3	98	b	小写字母 b
52	4	字符 4	99	c	小写字母 c
53	5	字符 5	100	d	小写字母 d
54	6	字符 6	101	e	小写字母 e
55	7	字符 7	102	f	小写字母 f
56	8	字符 8	103	g	小写字母 g
57	9	字符 9	104	h	小写字母 h
58	:	冒号	105	i	小写字母 i
59	;	分号	106	j	小写字母 j
60	<	小于	107	k	小写字母 k
61	=	等号	108	l	小写字母 l
62	>	大于	109	m	小写字母 m
63	?	问号	110	n	小写字母 n
64	@	电子邮件符号	111	o	小写字母 o

（续表）

Dec(十进制)	缩写/字符	解释	Dec(十进制)	缩写/字符	解释
65	A	大写字母A	112	p	小写字母p
66	B	大写字母B	113	q	小写字母q
67	C	大写字母C	114	r	小写字母r
68	D	大写字母D	115	s	小写字母s
69	E	大写字母E	116	t	小写字母t
70	F	大写字母F	117	u	小写字母u
71	G	大写字母G	118	v	小写字母v
72	H	大写字母H	119	w	小写字母w
73	I	大写字母I	120	x	小写字母x
74	J	大写字母J	121	y	小写字母y
75	K	大写字母K	122	z	小写字母z
76	L	大写字母L	123	{	开花括号
77	M	大写字母M	124	|	垂线

4.2 字符串格式化操作

在Python中，字符串格式化指提前设定一种格式，将松散的字符串套用在这种格式中。例如，制定一个含占位符的模板，先在模板的指定位置预留若干空位，然后根据字符串的信息将这些占位符替换为指定的字符串。完成替换后，原始的占位符将不再显示，而是被填充的数据所替代。字符串格式化操作有两种方法，一种是使用符号%，另一种是使用format()方法。

4.2.1 使用符号%进行格式化

若要在字符串中添加变量，在不使用字符串格式化的情况下也可以实现，但使用字符串格式化可以更好、更快地实现输出。

不使用字符串格式化：

示例代码

```
age=19
print("我今年",age,"岁")
```

运行结果

```
我今年  19  岁
```

使用字符串格式化：

示例代码

```
age=19
print("我今年%d 岁"%age)
```

运行结果

```
我今年 19 岁
```

在“%”操作符格式化字符串的基本语法格式如下：

```
"%[对齐方式][0][输出最小宽度][.精度]格式字符"%变量
```

也可以表示为：

```
"%[±][0][m][.n]格式字符"% 变量
```

其中，方括号中的项为可选项。

说明：

(1) %：第一个%是占位符，必须在字符串内，提示变量放置位置；在字符串后面再次用到的第二个%，是格式化关键字，提示要在字符串中插入哪个变量。

(2) [对齐方式]：标志字符为“+”或者“-”，指定输出数据的对齐方式。指定“+”时，输出右对齐；指定“-”时，输出左对齐；不指定标志时缺省为“+”，默认右对齐。

(3) [0]：用于表示右对齐，使用时在正数前没有符号，负数前加上负号(-)。并且用数字 0 填充空白处，一般情况下和后面的参数[m]一起使用。

(4) [输出最小宽度]：用于表示数值所占的字符宽度。当上一个参数的 0 和 m 一起使用时，如果数值本身的字符宽度不足 m，则其余的位置会用 0 来填充。例如，若设定的宽度 m 为 5，数值为 25，第三个参数为 0，则该数值在输出时将显示为“00025”。这是因为数值 25 本身只占据 2 个字符宽度，而为了满足 5 个字符宽度的要求，其余 3 个字符位置需要用 0 来补足。

例 4-2　对齐方式和宽度等参数的格式化应用。

参考代码

```
height=168
print('身高是%scm。'%height)          #没有宽度要求时，默认右对齐
print('身高是%+10scm。'%height)       #右对齐，168 左侧添加空格占位
print('身高是%-10scm。'%height)       #左对齐，168 右侧添加空格占位
print('身高是%05dcm。'%height)       #右对齐，168 右侧添加 0 占位，总位数为 5 位。
```

运行结果

```
身高是 168cm。
```

```
身高是       168cm。
身高是 168       cm。
身高是 00168cm。
```

(5) 精度：以“.”开头，后接十进制整数 n。如果输出数字，则表示小数的位数；如果输出字符，则表示输出字符的个数；若实际位数大于所定义的精度数，则截取超过的部分。

① 设置浮点数的精度。

示例代码

```
pi=3.1415926
#通过设置(.精度)来控制浮点数的精度
print('圆周率是%.1f'%pi)    #保留 1 位小数点
print('圆周率是%.2f'%pi)    #保留 2 位小数点
print('圆周率是%.3f'%pi)    #保留 3 位小数点
print('圆周率是%.4f'%pi)    #保留 4 位小数点
print('圆周率是%.5f'%pi)    #保留 5 位小数点
```

运行结果

```
圆周率是 3.1
圆周率是 3.14
圆周率是 3.142
圆周率是 3.1416
圆周率是 3.14159
```

② 截取字符串的位数。

示例代码

```
result='张三,恭喜你通过考试!'
print('%.2s'%result)
print('%.4s'%result)
print('%.6s'%result)
```

运行结果

```
张三
张三,恭
张三,恭喜你
```

(6) 格式字符：是必选参数，用于表示输出数据的类型。各种格式字符及其功能说明见表 4-3。

表 4-3　格式字符及其功能说明

格式字符	功能说明	格式字符	功能说明
%s	字符串(采用 str()显示)	%o	八进制整数

（续表）

格式字符	功能说明	格式字符	功能说明
%r	字符串(采用 repr()显示)	%x	十六进制整数
%c	单个字符	%f,%F	浮点数
%%	字符%	%e,%E	指数(基底为 e 或 E)
%d,%i	十进制整数	%g,%G	以%f 或%e 中较短的输出宽度输出浮点数

例 4-3 按不同类型格式化输出圆周率。

参考代码

```
print("圆周率是%s"% 3.14)        #%s 表示输出类型为字符串类型
print("圆周率是%f"% 3.14)        #%f 表示输出类型为浮点型
print("圆周率是%d"% 3.14)        #%d 表示输出类型为整型
```

运行结果

```
圆周率是 3.14
圆周率是 3.140000
圆周率是 3
```

(7) %变量。

① %s:将整数格式化为字符串,将浮点数格式化为字符串,作用相当于 str()。

示例代码

```
pi=3.1415926
print('圆周率是%s'%pi)
```

运行结果

```
圆周率是 3.1415926
```

pi 变量的数据类型是浮点数,原本无法与字符串'圆周率是'进行拼接,但通过%s 将 pi 格式化后,就可以实现与字符串的拼接。

② %d:将浮点数转换成十进制整数,仅保留浮点数的整数部分。既可以将十六进制整数转换为十进制整数,也可以将八进制整数转换为十进制整数。

(i) 浮点数转换。

示例代码

```
pi=3.1415926
print('圆周率是%d'%pi)    #将浮点数用%d 转换成十进制整数

a=3.9415926
print('圆周率是%d'%a)    #将浮点数用%d 转换成十进制整数
```

运行结果

```
圆周率是 3
圆周率是 3
```

[%d 浮点数]只保留整数部分，没有四舍五入功能，因此，在上述程序中，尽管变量值不同，但输出结果都为 3。

(ii) 十六进制数转换。

示例代码

```
pi=0x15
print('圆周率是%d'%pi)      #将十六进制数 15 用%d 转换成十进制数
```

运行结果

```
圆周率是 21
```

其中，0x 表示十六进制数，后接具体的数值。

(iii) 八进制数转换。

示例代码

```
pi=0o17
print('圆周率是%d'%pi)      #将八进制数 0o17 用%d 转换成十进制数
```

运行结果

```
圆周率是 15
```

其中，0o 表示八进制数，后接具体的数值。

③ %f：将整数转换成浮点数时，默认保留小数点后 6 位；将浮点数转换成浮点数时，默认保留小数点后 6 位。

(i) 整数转换。

示例代码

```
pi=3
print('圆周率是%f'%pi)      #将整数转换成浮点数，默认保留小数点后 6 位
```

运行结果

```
圆周率是 3.000000
```

(ii) 浮点数转换。

示例代码

```
pi1=3.1415926
print('圆周率是%f'%pi1)     #将浮点数转换浮点数，默认保留小数点后 6 位
```

```
pi2=3.14
print('圆周率是%f'%pi2)  #将浮点数转换浮点数,默认保留小数点后 6 位
```

运行结果

```
圆周率是 3.141593
圆周率是 3.140000
```

在上述程序中,使用%f 格式化浮点数时,无论 pi 原本的小数位数是多少,转换后结果都只会保留小数点后 6 位。若原本的小数点位数大于 6,则四舍五入,取 6 位。若原本的小数点位数小于 6,则保留原有的位数,不足 6 位的位置用 0 补齐。

注意:%f 会对浮点数执行四舍五入操作,确保结果保留到指定的小数位数。

另外,还需特别注意%s 和%r 的区别。%s 和%r 的主要区别在于,%r 可供编辑器使用和识别,而%s 不能。简而言之,就是在%s 格式化字符串时,输出的字符串不带引号,而%r 则会输出带引号的字符串。

示例代码

```
greeting='hello'
print("%r"%greeting)            #%r 和%s 打印字符串结果
print("%s"%greeting)
```

运行结果

```
'hello'
hello
```

例 4-4 使用符号%进行格式化。

示例代码

```
a=27
b=87654321.7654321
strs="I love Python!"
print("a=%06d"%a)          #使用 m 控制输出位数为 6 的十进制整数,空位补 0
print("b=%8.4f"%b)
#输出 b,用 m,n 分别控制输出的长度为 8,小数点位数为 4 的浮点数
print("%18s"%strs)         #使用 m 控制输出字符串长度为 18
print("%18r"%strs)         #使用%r 输出字符串
print("%-18.6s"%strs)      #使用 m,n 进行左对齐、限制字符串长度为 18 和字符位数为 6
```

运行结果

```
a=000027
b=87654321.7654
I love Python!
    'I love Python!'
I love
```

4.2.2　使用 format( )方法进行格式化

使用 format( )方法也可以格式化字符串，其基本语法格式如下：

```
模板字符串.format(逗号分隔的参数)
```

模板字符串是由一系列槽(用大括号表示)组成，用于控制字符串中嵌入值出现的位置。其基本思想是将 format( )方法中逗号分隔的参数按照序号替换到模板字符串的槽中(序号从 0 开始编)，如图 4-2 所示。

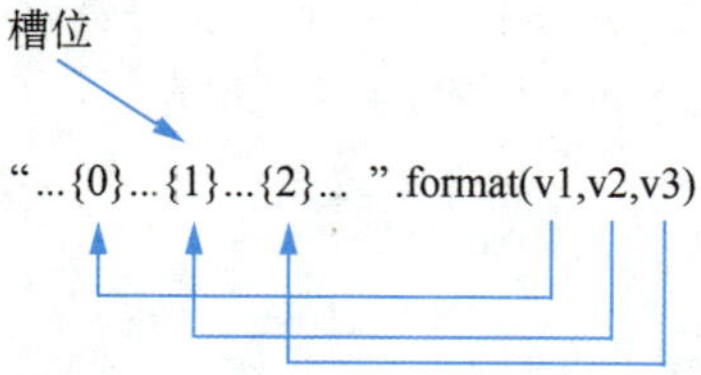

图 4-2　占槽位示意

示例代码

```
>>>"你好,{0},你这个月的话费是{1}元,余额为{2}元!".format(张三,120,80)
'你好,张三,你这个月的话费是 120 元,余额为 80 元!'
```

其中，{0}表示 format 括号里的第一个元素，{1}表示 format 括号里的第二个元素，依次类推。如果大括号中没有序号，则按照出现顺序替换。

示例代码

```
>>>"你好,{},你这个月的话费是{}元,余额为{}元!".format(80,张三,120)
'你好,80,你这个月的话费是张三元,余额为 120 元!'
```

format( )方法中模板字符串的槽除了包括参数序号外，还可以包括格式控制信息，此时槽的内部样式如下：

```
{参数序号:格式控制标记}
{[index[:[fill][align][width][,][.k][type]]]}
```

其中，格式控制标记用于控制参数显示时的格式。表 4-4 列出了常用的格式控制标记及其功能。

表 4-4　格式控制标记及其功能

格式控制标记	fill(填充)	align(对齐)	width(宽度)	,	.k(精度)	type(格式字符)
功能说明	用于填充的单个字符	包括左对齐(<)、右对齐(>)、居中对齐(^)	指定输出宽度	数字的千位分隔符	浮点数小数部分精度或字符串最大输出长度	整数类型 d、o、x、X、b、c，浮点数类型 e、E、f、%

注意：表 4-4 中的 6 种格式控制标记可以组合使用。

1. 格式化数字

格式化数字时，如果不使用任何说明符，那么"{ }"仅起到占位的作用，不会改变原本的数字。

示例代码

```
>>> '我的幸运数字是{}'.format(7)
'我的幸运数字是 7'
>>> '圆周率约等于{}'.format(3.14)
'圆周率约等于 3.14'
```

“:d”说明符用于将数字转换成整数，如果提供的数字无法转换成整数（如浮点数），Python 解释器将会报错。

示例代码

```
>>> '{:d}'.format(7)
'7'
>>> '{:d}'.format(3.14)
Traceback (most recent call last):
  File "<stdin>",line 1,in <module>
ValueError: Unknown format code 'd' for object of type 'float'
```

“:f”说明符用于将数字转换成浮点数，format( )方法也可以指定浮点数位数。

示例代码

```
>>> '{:f}'.format(3.14)        #默认位数为小数点后 6 位
'3.140000'
>>> '{:.2f}'.format(3)         #指定为小数点后 2 位
'3.00'
```

使用“:f”转换字符类型时，若小数位数超出指定的位数，则会以四舍五入的形式舍弃后面的小数；若没有指定小数位数，则会默认保留小数点后 6 位。

示例代码

```
>>> '{:.5f}'.format(3.1415926)       #保留小数点后 5 位
'3.14159'
>>> '{:f}'.format(3.1415926)         #默认保留小数点后 6 位
'3.141593'
```

可以使用正号“+”来显式指出数字为正。而当数字为负数时，无需额外使用任何符号。

示例代码

```
>>> '{:+d}'.format(7)
'+7'
>>> '{:d}'.format(-7)
'-7'
```

使用“:,”千位分隔符进行格式化后，输出结果中的数字会每隔三位加一个逗号。

示例代码

```
>>>'{:,}'.format(123456789)
'123,456,789'
```

2. 格式化字符串

当需要格式化多个字符串时，format()方法的参数间需要使用逗号隔开。

示例代码

```
>>>'{} {} {}'.format(7,'Ming',3.14)
'7 Ming 3.14'
```

该程序中的字符串本质上是元组数据类型，并且元组中包含的每一项都可以通过其索引号（索引号从 0 开始）进行调用，可以将这些索引号传递到用作原始字符串中占位符的“{ }”中。

示例代码

```
>>>'{0} {1} {2}'.format(7,'Ming',3.14)    #0 1 2 为默认顺序
'7 Ming 3.14'
>>>'{2} {1} {0}'.format(7,'Ming',3.14)    #将顺序调整为 2 1 0
'3.14 Ming 7'
>>>'{2} {0} {1}'.format(7,'Ming',3.14)    #将顺序调整为 2 0 1
'3.14 7 Ming'
```

3. 使用字符串名称

可以在占位符的“{ }”中填入待格式化的字符串名称，使原始字符串看起来更加清晰。

示例代码

```
>>>'{name}的分数是{score}'.format(name='Ming',score=88)
'Ming 的分数是 88'
```

4. 填充和对齐

可以通过附加参数增加字符串长度来填充字符串，或者在字符串周围创造“空间”。这在需要可视化地组织大量数据时特别有用。

示例代码

```
>>>'{:10}'.format('Ming')    #10 代表字符串一共占用 10 个字符
'Ming      '
>>>'{:>10}'.format('Ming')   #>使字符串右对齐，一共占用 10 个字符
'      Ming'
>>>'{:^10}'.format('Ming')   #^使字符串居中，一共占用 10 个字符
'   Ming   '
```

除了用空格填充字符串外，还可以用其他字符来填充字符串。

示例代码

```
>>>'{:_<10}'.format('Ming')      #使用_填充字符串,<使字符串左对齐
'Ming______'
>>>'{:s<10}'.format('Ming')      #使用 s 填充字符串,<使字符串左对齐
'Mingssssss'
>>>'{:_>10}'.format('Ming')      #使用_填充字符串,>使字符串右对齐
'______Ming'
>>>'{:_^10}'.format('Ming')      #使用_填充字符串,^使字符串居中
'___Ming___'
```

在格式化数字时,也可以填充字符串。

示例代码

```
>>>'{:10d}'.format(59)
'        59'
#6 代表一共占用 6 个字符,0 代表使用 0 填充,2 代表保留小数点后 2 位
>>>'{:06.2f}'.format(3.14159265)
'003.14'
```

5. 截断长字符串

“.”用于将字符串截断成指定长度。

示例代码

```
>>>'{:.4}'.format('Xiao Ming')      #截断成 4 位字符串
'Xiao'
>>>'{:8.4}'.format('Xiao Ming')     #截断成 4 位字符串,一共占用 8 个字符
'Xiao    '
```

例 4-5 使用 format()方法格式化字符串。

示例代码

```
a=15                                    #定义变量 a 并赋值
b=12345678.1234567                      #定义变量 b 并赋值
strs="I love Python!"                   #定义字符串 strs 并赋值
print("a={0:05}".format(a))             #输出 5 位数字空位补 0
print("b={0:,.3f}".format(b))           #输出 b,用千分位分隔并保留 3 位小数
print("{0:*^30}".format(strs))          #居中且使用*填充
```

运行结果

```
a=00015
b=12,345,678.123
********I love Python!********
```

思考:上机操作,如何得到下面格式化字符串的输出结果?

```
"%-6.3f"%(3.1415926)
"%6.3f"%(3.1415926)
"%20s"%("I love Python!")
"%08d"%(20)
"{0:&^22s}".format("abc")
"{0:#>.3f}".format(12.34567)
"{0:0<10d}".format(567)
"{0:*^,.5f}".format(123456.1415926)
```

4.3 字符串方法

请在下面的字符串 Str1 中,找出"practicality"字符串,并且统计该字符串出现的次数。

```
Str1="Beautiful is better than ugly.
        Explicit is better than implicit.
        Simple is better than complex.
        Complex is better than complicated.
        Flat is better than nested.
        Sparse is better than dense.
        Readability counts.
        Special cases aren't special enough to break the rules.
        Although practicality beats purity.
        Errors should never pass silently.
        Unless explicitly silenced.
        In the face of ambiguity,refuse the temptation to guess.
        There should be one--and preferably only one--obvious way to do it.
        Although that way may not be obvious at first unless you're Dutch.
        Now is better than never.
        Although never is often better than *right* now.
        If the implementation is hard to explain,it's a bad idea.
        If the implementation is easy to explain,it may be a good idea.
        Namespaces are one honking great idea--let's do more of those!"
```

上述 Strl 字符串中的字符太多,想准确找到一个单词较为困难,此时可以使用 Python 编程的方法来进行查找,提高效率。

Python 提供了大量的方法用于字符串的查找、统计、连接、替换、分割、移除、转换等操作。下面介绍一些常用的字符串方法。

注意: 字符串对象提供的涉及字符串"修改"的方法都是返回修改后的新字符串,并不对原字符串作任何修改,字符串是不可变数据类型。

4.3.1 find()方法

find()用于在较长的字符串中查找子串。如果找到子串,则返回子串所在位置的最左边索引;如果未找到子串,则返回-1。其语法格式如下:

```
str.find(sub[,start[,end]])
```

说明:

(1) str:表示被查找字符串。

(2) sub:表示需要查找的子串。

(3) start:表示开始索引,省略时默认为 0。

(4) end:表示结束索引,省略时默认为字符串的长度。

注意: 用于查找子串的另一个常用方法是 index()方法,该方法与 find()方法的用法基本一致,区别在于当查找的子串不存在时,find()方法将抛出异常。

示例代码

```
str1='welcome to Beijing Museum'
print(str1.find("Museum"))                    #在 str1 字符中查找子串
print(str1.find("Museum",2,15))               #在 str1 的索引为 2~15 的字符中查找子串
print(str1.index("Museum"))
print(str1.find("nanchang"))
print(str1.index("nanchang"))
```

运行结果

```
19
-1
19
-1
Traceback (most recent call last):
  File "G:\桌面文件\11.py",line 5,in <module>
    print(lstr.index("nanchang"))
ValueError: substring not found
```

知识库

除了可以用 find()和 index()方法查找特定字符之外,还可以利用 rfind()和 rindex()方法完成此操作。rfind()方法用于寻找子字符串最后一次出现的索引,找不到则返回-1。rindex()方法和 rfind()用法基本相同,找不到时系统报错。

示例代码

```
str1="Hello,welcome to my world."
str2="e"
str3="Helloe"
print(str1.rfind(str2))
print(str1.rfind(str3))
```

```
str1="Hello,welcome to my world."
str2="z"
print(str1.rindex(str2))
```

运行结果

```
13
-1
Traceback (most recent call last):
  File "c:\Users\hp\Desktop\python\python 学习.py",line 3,in <module>
    print(str1.rindex(str2))
ValueError: substring not found
```

4.3.2 count( )方法

count( )用于统计并返回字符串中某个子串出现的次数。其语法格式如下：

```
str.count(sub[,start[,end]])
```

说明：

（1）str：表示被查找字符串。

（2）sub：表示被统计的子串。

（3）start：表示开始索引，省略时默认为 0。

（4）end：表示结束索引，省略时默认为字符串的长度。

示例代码

```
str1="I love python,I am learning python"
str2=" "                    #空格
str3="I"                    #字符 I
str4="I "                   #字符 I 和空格
print(str1.count(str2))         #star 和 end 为默认参数
print(str1.count(str3,2))       #star 值为 2,end 值为默认参数
print(str1.count(str3,2,5))     #star 值为 2,end 值为 5
print(str1.count(str4))         #多字符统计
```

运行结果

```
5
1
0
2
```

4.3.3 split( )方法

split( )以指定字符为分隔符,从字符串左端开始将其分隔成多个字符串,并返回包含分隔结果的列表。其语法格式如下:

```
str.split([delimiter,num])
```

说明:

(1) str:表示被分隔的字符串。

(2) delimiter:表示分隔符,包括空格、换行(\n)、制表符(\t)等,省略时默认为空字符。

(3) num:表示分割次数,省略时默认全部分割。

示例代码

```
str1='welcome to Beijing Museum'
print(str1.split(" "))                #以空字符为分割符将字符串全部分割
print(str1.split())                   #省略时,默认以空字符为分割符将字符串全部分割
str2='apple*banana*cherry*orange'
print(str2.split("*"))                #以*字符为分割符将字符串全部分割
print(str2.split("*",2))              #以*字符为分割符将字符串分割 2 次
```

运行结果

```
['welcome','to','Beijing','Museum']
['welcome','to','Beijing','Museum']
['apple','banana','cherry','orange']
['apple','banana','cherry*orange']
```

4.3.4 join( )方法

join( )用于将序列中的元素以指定的字符连接,并生成新字符。其语法格式如下:

```
str.join(sequence)
```

说明:

(1) str:表示连接符,可以为空。

(2) sequence:表示要连接的元素序列。

示例代码

```
str1=['welcome','to','Beijing','Museum']
x=" ".join(str1)          #用空格作为连接符,连接列表中的元素
print(x)
str2=('apple','banana','cherry','orange')
x="*".join(str2)          #用*作为连接符,连接元组中的元素
print(x)
```

运行结果

```
welcome to Beijing Museum
apple*banana*cherry*orange
```

4.3.5　replace( )方法

replace( )用于将字符串中的旧字符串替换成新字符串。其语法格式如下：

```
str.replace(old,new[,max])
```

说明：

(1) str：表示被查找字符串。

(2) old：表示将被替换的子串。

(3) new：表示新字符串，用于替换 old 子串。

(4) max：为可选参数，表示替换不超过 max 次，省略时默认替换所有。

示例代码

```
str1="This is a string example. This is really string"
str2="is"
str3="was"
print(str1.replace(str2,str3))          #用 was 替换字符串 str1 中的 is
print(str1.replace(str2,str3,3))        #用 was 替换字符串 str1 中的 is,替换 3 次
```

运行结果

```
Thwas was a string example. Thwas was really string
Thwas was a string example. Thwas is really string
```

4.3.6　strip( )方法

strip( )用于删除字符串两端连续的空白字符或指定字符。其语法格式如下：

```
str.strip([chars])
```

说明：

(1) str：表示字符串。

(2) chars：表示要删除的字符串两端的指定字符，省略时默认为空格。

注意：该方法只能删除开头或是结尾的字符，不能删除中间部分的字符。

示例代码

```
str1="     Python      "
x=str1.strip()          #括号中省略,默认删除左右两侧的空格字符
print("of all subjects,",x,"is my favorite")
```

```
str2="\n\t Python \t\n"
x=str2.strip()          #括号中省略,默认删除左右两侧的空字符,包括\n和\t
print(x)

str3="123Python234"
x=str3.strip("1234")        #删除左右两侧的1234字符
print(x)

str4="3210csdn0123"
x=str4.strip('0')           #删除左右两侧的0字符
print(x)
```

运行结果

```
of all subjects,Python is my favorite
Python
Python
3210csdn0123
```

知识库

除了可以用 strip( )方法删除字符串左右两端的指定字符外,还可以利用 lstrip( )和 rstrip( )方法完成此操作。lstrip( )方法用于移除字符串左侧指定的字符(默认为空格或换行符)或字符序列。rstrip( )方法用于移除字符串右侧指定的字符(默认为空格或换行符)或字符序列。

示例代码

```
str="00000003210csdn01230000000"
print(str.lstrip('0'))          #去除字符串左端字符 0
str2="   csdn      "
print(str2.lstrip())            #去除字符串左端空格
str="3210csdn0123"
print(str.lstrip('0'))          #字符 0 不在字符串左侧,无法删除

str="00000003210csdn01230000000"
print(str.rstrip('0'))          #去除字符串右端字符 0
str2="   csdn      "
print(str2.rstrip())            #去除字符串右端空格
str="3210csdn0123"
print(str.rstrip('0'))          #字符 0 不在字符串右侧,无法删除
```

运行结果

```
3210csdn01230000000
csdn
3210csdn0123
00000003210csdn0123
    csdn#这里的空格已经删掉了
3210csdn0123
```

4.3.7 lower( )和 upper( )方法

lower( )方法用于将字符串中所有大写字符转换为小写字符，而 upper( )方法则用于将字符串中所有小写字符转换为大写字符。其语法格式如下：

```
str.lower()
str.upper()
```

其中，str 表示字符串。

示例代码

```
str1="HELLO,PYTHON"
x=str1.lower()
print(x)
str2="hello,python"
x=str2.upper()
print(x)
```

运行结果

```
hello,python
HELLO,PYTHON
```

知识库

除了可以用 upper( )和 lower( )方法修改字母大小写之外，还可以利用 capitalize( )和 title( )方法完成此操作。capitalize( )方法用于将字符串的第一个字母转换为大写，其余字母为小写。title( )方法用于返回“标题化”的字符串，即所有单词首字母为大写，其余字母为小写。

示例代码

```
str1="python3.9.5"
```

```
print(str1.capitalize())
str2 = "i love python"
print(str2.title())
```

运行结果

```
Python3.9.5
I Love Python
```

4.3.8 isalnum( )方法

isalnum( )用于检测字符串是否仅由字母或数字,或者由字母和数字共同组成。如果是就返回 True,否则返回 False。其语法格式如下:

```
str.isalnum()
```

其中,str 表示要检测的字符串。

示例代码

```
str1 = "python123"
x=str1.isalnum()
print(x)
str2 = "python"
x=str2.isalnum()
print(x)
```

运行结果

```
True
False
```

在 Python 中,还有很多与 isalnum( )功能类似的字符串方法。

示例代码

```
str1 = "uvwxyz987654"
print(str1.isdigit())          #isdigit()判断字符串是否都为数字
print(str1.isalpha())          #isalpha()判断字符串是否都为字母
print(str1.isalnum())          #isalnum()判断字符串是否为数字和字母的组合
print(str1.isspace())          #isspace()判断字符串是否为空格
print(str1.isupper())          #isupper()判断字符串中所有字母是否都为大写
print(str1.islower())          #islower()判断字符串中所有字母是否都为小写
```

运行结果

```
False
False
```

```
True
False
False
True
```

4.4 综合案例

4.4.1 身份证信息判断

例 4-6 请从键盘上输入一个 18 位身份证号码。已知身份证号码的编码规则：身份证号码的第 7~10 位为出生年份，第 11~12 位为出生月份，第 13~14 位为出生日期，第 17 位为判断性别的参数，如果该位为偶数则为女性，否则为男性。要求能根据输入的身份证号码判断个人信息。输出结果示例如下：

```
请输入身份证号码 360425199901011111
你的出生年份为:1999
你的出生月份为:01
你的出生日期为:01
你的出生性别为:男性
你的个人信息为:1999 年 01 月 01 日,性别:男性
```

参考代码

```
while True:    #用循环的方法判断身份证号码位数是否为 18 位
    str1=input("请输入身份证号码")
    if len(str1)!=18:
        print("你输入的身份证号码位数不对,请重新输入:")
    else:
        break
year=str1[6:10]      #用分片的方法取出年份字符
month=str1[10:12]    #用分片的方法取出月份字符
date=str1[12:14]     #用分片的方法取出日期字符
sex=str1[16]           #用索引的方法取出性别字符
if int(sex)%2==0:      #变量 sex 为字符串类型,必须用 int()函数将其转换为整型
    sex1="女性"
else:
    sex1="男性"
print("你的出生年份为:{}".format(year))
print("你的出生月份为:{}".format(month))
print("你的出生日期为:{}".format(date))
print("你的出生性别为:{}".format(sex1))
print("你的个人信息为:{}年{}月{}日,性别:{}".format(year,month,date,sex1))
```

4.4.2 文本进度条制作

例 4-7 编写程序,模拟输出简单的非刷新文本进度条。要求将整个任务划分为 100 个单位,每执行 10%输出一次进度条,每行输出包含进度百分比、已完成部分(**)和未完成部分(..),以及一个跟随完成度前进的小箭头,效果如图 4-3 所示。

```
-------- 执行开始 --------
 %0  [->....................]
 %10 [**->..................]
 %20 [****->................]
 %30 [******->..............]
 %40 [********->............]
 %50 [**********->..........]
 %60 [************->........]
 %70 [**************->......]
 %80 [****************->....]
 %90 [******************->..]
 %100[********************->]
-------- 执行结束 --------
```

图 4-3 参考效果

参考代码

```
import time
scale=10
print("----------执行开始----------")
for i in range(scale+1):
    a="**"*i
    b=".."*(scale-i)
    c=(i/scale)*100
    print("%[:3.0f][{}->{}]".format(c,a,b))
    time.sleep(0.1)
print("----------执行结束------------")
```

4.4.3 注册验证

例 4-8 编写一个注册验证程序,设定如下条件:

(1) 用户名必须以下划线"_"开头,长度必须在 3~30 个字符之间;

(2) 密码必须由下划线、数字和字母共同组成,不允许有其他符号,长度必须在 8~16 个字符之间。

解题思路

(1) 输入用户名和密码。

(2) ①判断用户名是否以下划线开头;②判断用户名长度是否在 3~30 之间;③判断密码长度是否在 8~16 之间;④判断密码中是否有下划线。

(3) 若以上条件均满足,则判断密码是否只包含数字和字母(前提是把下划线统一改成一个数字或字母)。

参考代码

```
user_name=input("请输入用户名(以"_"开头,3~30个字符):")
password=input("请输入密码(由下划线、数字和字母共同组成,8~16个字符):")
if user_name[0]!="_":
    print("用户名请使用下划线开头")
elif len(user_name)<3 or len(user_name)>30:
    print("用户名长度超出限制")
elif len(password)<8 or len(password)>16:
    print("密码长度超出限制")
elif password.find('_')==-1:
    print("密码中未输入下划线")
else:
    passwords=password.replace("_","1")
    if passwords.isalnum():
        print("恭喜您,注册成功用户名",user_name,",密码",password)
    else:
        print("密码中有其他符号,注册失败!")
```

本章总结

本章中主要学习了如下内容:

(1) 通用序列操作,包括索引、分片、序列相加、序列乘法、成员资格、长度、最大值和最小值等。

(2) 字符串的格式化操作,包括利用%操作符进行格式化和 format()方法进行格式化,其中,参数的灵活运用是学习的重点。

(3) 字符串的不同方法,包括查找 find(),计数 count(),分隔 split(),连接 join(),替代 replace(),删除 strip(),大小写转换 lower()和 upper(),以及判断字符串组成的 isalnum()。

对字符串的查找、遍历和切片的持续探索,体现了社会主义核心价值观中"文明"价值理念的"取其精华、去其糟粕"精神。在日常生活与职业生涯中,应学会理性抉择,明确个人目标,并在追求目标的过程中,自觉抵制诱惑,专注于获取真正有价值的内容。

字符串中格式化字符的存储与显示思想,体现了社会主义核心价值观中"和谐"价值追求的"归类平等"以及"民主"价值理念的"和谐共存"精神。在学习与实践活动中,应学会灵活运用规则,做到三思而后行,避免概念混淆或方法误用。

字符串内各内建函数的功能分担与相互协调,体现了社会主义核心价值观中"团结互助、协作共赢"精神。在集体学习与工作环境中,应学会与他人团结合作、和谐共处,同时培养互帮互助意识,做到相辅相成、共同进步。

课后习题

一、选择题

1. 访问字符串中的部分字符的操作称为(　　)。

A. 分片　　B. 合并　　C. 索引　　D. 赋值

2. 下列关于字符串的描述错误的是(　　)。

A. 字符串 s 的首字符是 s[0]

B. 在字符串中,同一个字母的大小是等价的

C. 字符串中的字符都是以某种二进制编码的方式进行存储和处理的

D. 字符串也能进行关系比较操作

3. 执行下列语句后的输出结果是(　　)。

```
world="world"
print("hello"+world)
```

A. helloworld　　B. "hello" world

C. hello world　　D. "hello" +world

4. 下列表达式中,与其他表达式的值不同的是(　　)。

A. "ABC"+"DEF"　　B. ''.join(("ABC","DEF"))

C. "ABC"-"DEF"　　D. 'ABCDEF'*1

5. 设 s="Python Programming",则 print(s[-5:])的结果是(　　)。

A. mming　　B. Python　　C. mmin　　D. Pytho

6. 设 s="Happy New Year",则 s[3:8]的值为(　　)。

A. 'ppy Ne'　　B. 'py Ne'　　C. 'ppy N'　　D. 'py New'

7. 将字符串中的所有字母都转换为大写字母的字符串方法是(　　)。

A. swapcase()　　B. capitalize()　　C. uppercase()　　D. upper()

8. 下列表达式中,能用于判断字符串 s1 是否属于字符串 s(即 s1 是否为 s 的子串)的是(　　)。

①s1 in s;②s.find(s1)>0;③s.index(s1)>0;④s.rfind(s1);⑤s.rindex(s1)>0

A. ①　　B. ①②　　C. ①②③　　D. ①②③④⑤

9. re.findall('to','Tom likes to play football too.',re.I)的值是(　　)。

A. ['To','to','to']　　B. ['to','to','to']

C. ['To','to']　　D. ['to','to']

10. 下列程序执行后,得到的输出结果是(　　)。

```
import re
p=re.compile(r'\bb\w*\b')
str="Boys may be able to get a better idea."
print(p.sub('**',str,1))
```

A. ** may be able to get a better idea.　　B. Boys may be able to get a ** idea.

C. Boys may ** able to get a better idea.　　D. Boys may ** able to get a ** idea.

二、填空题

1. "4"+"5" 的值是________。

2. 字符串 s 中最后一个字符的位置是________。

3. 设 s='abcdefg',则 s[3]的值是________,s[3:5]的值是________,s[:5]的值是________,s[3:]的值是________,s[::2]的值是________,s[::-1]的值是________,s[-2:-5]的值是________。

4. 'Python Program'.count('P')的值是________。

5. 'AsDf 888'.isalnum()的值是________。

6. 下面语句的执行结果是________。

```
s='A'
print(3*s.split())
```

7. 已知 s1='red hat',print(s1.upper())的结果是______ ,print(s1.title())的结果是______ ,print(s1.replace('hat','cat'))的结果是______ 。

8. 设 s='a,b,c',s2=('x','y','z'),s3=':',则 s.split(',')的值为______ ,s.rsplit(',',1)的值为______ ,s3.join('abc')的值为______ ,s3.join(s2)的值为______ 。

三、编程题

1. 输入一个字符串,打印所有奇数位上的字符(即索引下标为 1,3,5,7,…位上的字符)。要求使用分片,例如,输入"1234567",输出"246"。

2. 输入用户名,判断用户名是否合法(即用户名长度是否在 6~10 位之间)。要求使用判断语句,例如,输入"1234",输出"用户名不合法"。

3. 输入一个字符串,将字符串中所有的数字字符取出,并生成新字符串,要求使用序列相加操作,例如,输入"wersgf234zszdfg345",输出"234345"。

4. 账单模拟显示。设计程序,模拟显示手机每月消费情况信息,由外部输入的参数包括 num_id(手机号),use_money(当月消费),left_money(剩余话费),net(剩余流量)。注意:程序运行结果中符号均为英文状态符号。

例如:

输入:13490203421　　100　　54　　1002

输出:尊敬的 13490203421 用户,您当月消费 100 元,当前余额为 54 元,流量剩余 1 002 MB。

5. 判断单词是否存在。设计程序,判断单词 str1 是否存在于英文句子 str2 中。如果存在,则输出"str1 在 str2 中",否则输出"str1 不在 str2 中"。要求 str1 和 str2 是由外部输入的字符串。

例如:

输入:love　　love you

输出:love 在 love you 中

6. 创建字符串 Simple is better than complex.。

(1) 判断字符串"Sim"是否出现在原创建的字符串中。

(2) 将字符串的检测范围定位于 0~2 之间,判断字符串"Sim"是否出现在被查找的字符串中。(提示:使用 find()方法)

(3) 查找字符"e"在字符串中出现的次数。(提示:使用 count()方法)

(4) 使用空格作为分隔符,输出分隔后的结果。

(5) 使用空格作为分隔符,把字符串分为 3 部分,输出分隔后的结果。(提示:使用 split()方法)

7. 给定一个句子"hello　xiao　mi",将句子中的单词位置反转变成"mi　xiao　hello",首先用空格分割,然后用分片的方式倒序输出["mi","xiao","hello"],再用空格连接。(提示:先使用 split()方法再使用 join()方法)

8. 创建字符串,str1="\t An apple a day keeps the doctor away. \n"。

(1) 查找字符串中是否有子字符串 day,并输出查找结果。(提示:使用 find( )方法)
(2) 将字符串中的 day 替换成 time,并输出替换后的字符串。(提示:使用 replace( )方法)
(3) 将(2)转换后的字符串按空格进行分割,并输出。(提示:使用 split( )方法)
(4) 将字符串 str1 首尾的空格及转义字符删除。(提示:使用 strip( )方法)
(5) 将字符串 str1 中所有的小写字母转换为对应的大写字母,并输出。(提示:使用 upper( )方法)
(6) 将(5)转换后的字符串的长度打印输出。(提示:使用 len( )方法)

第 5 章 列表和元组

本章导读

在计算机应用领域中,常常会遇到需要处理大量数据的问题,而数字、字符串等数据类型一次只能存储一个数据,因此,要借助更高级的数据结构来存储复杂的数据。在 Python 中,列表和元组是两种非常高效、便捷的工具,能够很好地解决这类问题。本章将详细介绍如何使用列表和元组来处理复杂数据。

学习目标

- 掌握列表的创建与遍历。
- 掌握列表元素的增删改查等操作。
- 掌握元组的使用方法。
- 理解列表和元组的区别。

学习导航

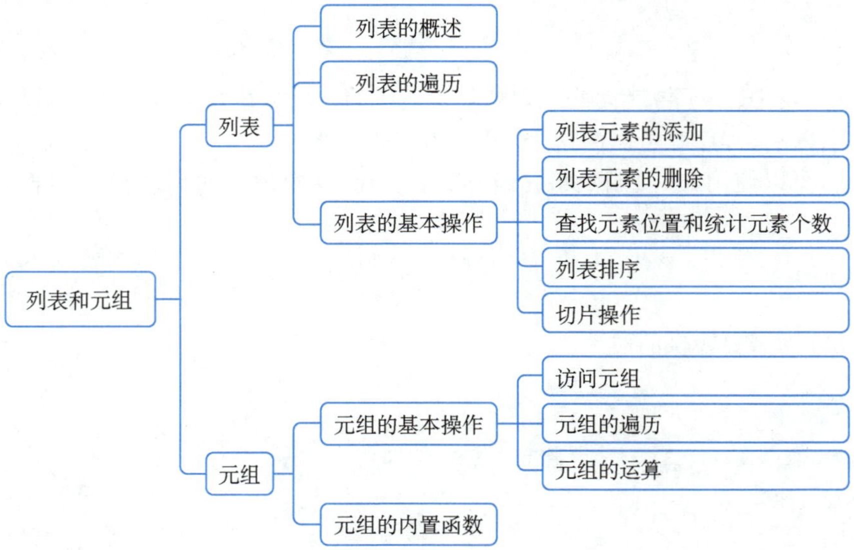

5.1 列表

微课：
列表创建

5.1.1 列表的概述

列表(list)是包含若干元素的有序连续内存空间，是 Python 的内置可变序列。在形式上，列表的所有元素放在一对方括号([ ])中，相邻元素之间使用逗号分隔开。例如：

```
Student=[20220101,"小派",18,180]
```

在 Python 中，同一个列表中元素的数据类型可以各不相同，既可以同时包含数字、字符串等基本类型的元素，也可以包含列表、元组、字典、集合、函数以及其他任意对象。如果只有一对方括号而没有任何元素则表示空列表。这些列表都是合法的。

示例代码

```
[67,87,78,90]                         #类型一致,包含整数
['red','green','yellow']                #类型一致,包含字符串
['Tom',2.0,6,[80,90]]                 #类型不一致,包含字符串、浮点数、整数、列表
[['file1',100,6],[ 'file2',160,9]]      #类型一致,包含列表
[{2},{2:4},(3,4)]                       #类型不一致,包含集合、字典、元组
```

使用“=”直接将一个列表赋值给变量即可创建列表对象。

示例代码

```
list1=['富强','民主','文明','和谐']
list2=[]                    #创建空列表
```

在实际开发中，由于可能无法预知列表中包含的元素数量及具体的值，所以通常会创建一个空列表，随后，程序就可以向这个空列表中添加元素。

此外，也可以使用 list( )函数将元组、range 对象、字符串等对象转换为列表。其语法格式如下：

```
list(obj)
```

其中，obj 为需要转换的对象。

示例代码

```
>>>list((5,7,9,11,13)          #将元组转换为列表
[5,7,9,11,13]
>>>list(range(1,5,2))         #将 range 对象转换为列表
[1,3]
>>>list('nangong')            #将字符串转换为列表
['n','a','n','g','o','n','g']
>>>x=list()                      #创建空列表
```

列表的索引与字符串的索引相同，都分为正向索引与反向索引，可以通过下标索引的方式来访问列表中的元素，如图 5-1 所示。

list1 = [	1,	2,	3,	4,	5,	6,	7,	8]
index	0	1	2	3	4	5	6	7
	-8	-7	-6	-5	-4	-3	-2	-1

图 5-1　列表元素及对应下标索引

由图 5-1 可知，列表中每一个元素都对应两个下标索引。假设需要获取元素 5，可以通过以下两种方式实现：

```
>>>list1[4]
>>>list1[-4]
```

5.1.2　列表的遍历

在使用列表时，经常需要搜索整个列表来查找所需数据。遍历列表的方式通常有直接使用 for 循环和使用遍历索引两种。

1. 直接使用 for 循环

由于列表是序列的一种，所以通过 for 循环遍历列表变得格外简单，只需将列表名放在 for 循环语句中的关键词“in”之后即可。

例 5-1　使用 for 循环遍历列表。

参考代码

```
print("Python 设计理念")
concept=['优雅','明确','简单']        #创建列表 concept
for i in concept:                      #将要遍历的列表作为 for 循环表达式中的序列
    print(i)                           #输出 i
```

运行结果

```
Python 设计理念
优雅
明确
简单
```

2. 使用遍历索引

使用遍历索引的方式遍历列表时，先要借助 len()函数获得列表的长度，列表中有多少个元素，列表的长度就是多少。再将获取的列表长度作为 while 循环的判断条件。

例 5-2　使用 while 循环遍历列表。

参考代码

```
print("Python 设计理念")
concept=['优雅','明确','简单']        #创建列表 concept
```

```
length=len(concept)                    #获取列表的长度赋给 length
i=0                                     #循环变量初值为 0
while i<length:
print(concept[i])
i+=1
```

上述程序运行结果同例 5-1。

5.1.3 列表的基本操作

微课：列表的基本操作

列表对象常用的方法及说明见表 5-1。

表 5-1　列表对象常用方法及说明

方法	说明
append(obj)	在列表末尾添加元素 obj
extend(seq)	在列表末尾一次性添加另一个序列 seq 中的多个元素
insert(index,obj)	将元素 obj 插入列表的 index 位置处
pop(index=-1)	删除并返回列表中 index 处的元素，默认为-1
remove(obj)	在列表中删除第一个值为 obj 的元素
index(obj)	返回列表中第一个值为 obj 的元素的索引，若不存在则抛出异常
count(obj)	返回 obj 在列表中出现的次数
reverse()	将列表中的所有元素反转(也称作逆序)
sort(key=None,reverse=False)	对列表中的元素进行原地排序，key 用来指定排序规则，默认为升序，reverse=False 表示升序

1. 列表元素的添加

在多种应用场景下，都需要在列表中添加新元素。例如，添加可视化数据或给网站添加新注册的用户。Python 提供了多种在既有列表中添加新数据的方式。

(1) append()方法用于向列表尾部追加一个元素，其语法格式如下：

```
list.append(obj)
```

其中，list 表示列表，obj 表示添加到列表末尾的元素。

append()方法可以很简便地动态创建列表。例如，可以先创建一个空列表，再使用 append()方法来添加元素。

示例代码

```
value=[]
value.append('富强')
value.append('民主')
value.append('文明')
print(value)
```

运行结果

```
['富强','民主','文明']
```

（2）extend()方法用于将另一个序列中的所有元素追加到当前列表的尾部，其语法格式如下：

```
list.extend(seq)
```

其中，list 表示列表，seq 表示添加到列表末尾的元素列表。

例 5-3　比较 extend()方法与 append()方法在添加列表元素时的不同。

参考代码

```
value1=['富强','民主']              #创建列表 value1 并赋值
value2=['文明','和谐']              #创建列表 value2 并赋值
value3=['自由','平等']              #创建列表 value3 并赋值
value1.append(value2)              #将 value2 看作一个元素，整体打包添加到 value1 中
print(value1)                      #输出 value1
value2.extend(value3)              #将 value3 看作一个序列，将这个序列和 value2 序列合并
print(value2)                      #输出 value2
```

运行结果

```
['富强','民主',['文明','和谐']]
['文明','和谐','自由','平等']
```

（3）insert()方法用于向列表任意指定位置插入一个元素，其语法格式如下：

```
list.insert(index,obj)
```

其中，list 表示列表，index 表示元素需要插入的索引位置，obj 表示要插入列表中的元素。

示例代码

```
>>>value=['富强','民主']            #创建列表 value 并赋值
>>>value.insert(1,'和谐')           #将元素和谐添加到列表索引为 1 的位置中
>>>value                           #输出 value
```

运行结果

```
['富强','和谐','民主']
```

2. 列表元素的删除

在 Python 中，有时需要从列表中删除元素，但紧接着要使用该元素的值，例如，在 Web 应用程序中，可能要将用户从活跃成员列表中删除，并将其添加到非活跃成员列表中。此时可以使用 pop()方法。pop()方法用于删除并返回指定位置（默认是最后一个）上的元素，如

果指定位置不是合法的索引,则抛出异常。其语法格式如下:

```
list.pop([index])
```

其中,list 表示列表,index 为可选参数,表示移除列表元素的索引值,默认为-1,删除列表最后一个元素。

示例代码

```
>>>value=['富强','自由','文明','和谐','自由']        #创建列表 value 并赋值
>>>value.pop()              #使用 pop()方法删除 value 中最后一个元素'自由'
>>>value.pop(0)             #使用 pop()方法删除 value 中索引为 0 的元素'富强'
>>>value                     #输出 value
```

运行结果

```
['自由','文明','和谐']
```

在 Python 中,当需要从列表中删除特定元素但不确定其位置时,可以使用 remove()方法。remove()方法用于删除列表中第一个与参数值相等的元素,如果列表中不存在该元素,则抛出异常。其语法格式如下:

```
list.remove(obj)
```

其中,list 表示列表,obj 表示列表中要移除的元素。

注意: remove()方法只能删除列表中第一个匹配的元素,如果要删除的值在列表中出现多次,就需要使用循环来确保每个值都能被删除。

示例代码

```
value=['富强','自由','文明','和谐','自由']        #创建列表 value 并赋值
while '自由' in value:                            #循环
    value.remove('自由')          #使用 remove()方法删除 value 中值为'自由'的元素
print(value)                      #输出 value
```

运行结果

```
['富强',文明','和谐']
```

另外,还可以使用 del 命令删除列表中指定位置的元素。可以根据索引删除列表中的元素,还可以使用切片的方式删除列表中的部分元素。

示例代码

```
>>> x=[1,2,3,4,6,8]
>>> del x[3]              #删除索引为 3 的元素
>>> x
[1,2,3,6,8]
```

```
>>> del x[:2]          #删除索引从0到2(不包括2)的元素
>>> x
[3,6,8]
```

注意：由于列表具有内存自动收缩和扩张功能，所以在列表中间位置插入或删除元素时，会导致该位置之后的元素后移或前移，不仅效率较低，而且该位置后面所有元素在列表中的索引也会发生变化。

3. 查找元素位置和统计元素个数

index()方法用于返回指定元素在列表中首次出现的位置，如果该元素不在列表中，则抛出异常。count()方法用于返回列表中指定元素出现的次数。二者的语法格式如下：

```
list.index(obj)          list.count(obj)
```

其中，list表示列表，obj表示要查找和统计的元素。

示例代码

```
>>> x=[1,2,2,3,3,3,4,4,4,4]
>>> x.index(2)                  #元素2在列表中首次出现的索引
1
>>> x.index(5)
ValueError: 5 is not in list    #列表x中没有5,抛出异常
>>> x.count(4)                  #元素4在列表x中出现的次数
4
```

4. 列表排序

在创建列表时，因为用户数据的输入顺序无法预测且不可控。所以，当需要以特定的顺序呈现信息时，可以利用Python提供的多种方式对列表进行排序。

(1) reverse()方法用于将列表所有元素反转，即交换第一个元素和倒数第一个元素的位置，交换第二个元素和倒数第二个元素的位置，依次类推。其语法格式如下：

```
list.reverse()
```

其中，list表示列表，该方法没有参数，没有返回值。

示例代码

```
>>>x=list(range(11))         #创建包含11个整数的列表
>>>x.reverse()               #把所有元素反转或逆序,没有返回值
>>>x                         #输出x
```

运行结果

```
[10,9,8,7,6,5,4,3,2,1,0]
```

(2) sort()方法用于按照指定规则对列表中所有元素进行原地排序（默认为升序排

序)，其语法格式如下：

```
list.sort([key=None][,reverse=False])
```

其中，list 表示列表；key 为可选参数，如果指定了该参数，会使用该参数的方法进行排序；reverse 为可选参数，表示是否反向排序，默认为 False。

例 5-4 给定任意 n 个整数，对其进行排序并输出结果。

参考代码

```
alist=[5,9,4,7,1,8,2]           #创建列表 alist 并赋值
alist.sort()                    #使用 sort()方法对列表中的元素进行升序排序
print(alist)
alist.sort(reverse=True)        #使用 sort()方法对列表中的元素进行逆序排序
print(alist)
```

运行结果

```
[1,2,4,5,7,8,9]
[9,8,7,5,4,2,1]
```

也可以使用内置函数 sorted()对列表进行排序。与 sort()方法不同，内置函数 sorted()返回新列表，并不对原列表进行任何修改。其语法格式如下：

```
sorted(iterable,[key=None][,reverse=False])
```

其中，iterable 表示可迭代对象，在这里就是列表名；参数 key 和 reverse 的用法与 sort()方法相同。

示例代码

```
>>>alist=[5,9,4,7,1,8,2]            #创建列表 alist 并赋值
>>> sorted(alist)                  #使用 sorted()函数对列表中的元素进行升序排序
[1,2,4,5,7,8,9]
>>> alist
[5,9,4,7,1,8,2]
```

也就是说，sort()方法对列表永久排序，而函数 sorted()实现对列表临时排序，原列表保持不变。

5. 切片操作

列表的切片操作具有强大的功能。不仅可以使用切片截取列表中的任何部分，得到一个新列表，也可以通过切片来替换、修改或删除列表中的部分元素，甚至还可以通过切片操作为列表对象增加元素。

(1) 使用切片获取列表部分元素。

示例代码

```
>>>alist=[5,7,9,11,13,15]
```

```
>>>alist[::1]                #返回包含原列表中所有元素的逆序列表
[15,13,11,9,7,5]
>>>alist[1::2]               #从下标 1 开始,隔一个取一个
[7,11,15]
>>>alist[2:5]               #指定切片的开始和结束位置
[9,11,13]
```

（2）使用切片替换和修改列表中的部分元素。

示例代码

```
>>>alist=[5,7,9,11]
>>>alist[:3]=[1,2,4]                #替换列表元素,"="两边的列表长度相等
>>>alist
[1,2,4,11]
>>>alist[3:]=[5,6,7]               #切片连续,"="两边的列表长度可以不相等
>>>alist
[1,2,4,5,6,7]
>>>alist[::2]=['A','B','C']          #隔一个修改一个,"="两边的列表长度相等
[>>>alist
['A',2,'B',5,'C',7]
```

（3）使用切片删除列表中的元素。

示例代码

```
>>>alist=[5,7,9,11]
>>> alist[:2]=[]              #删除列表中前 2 个元素
>>> alist
[9,11]
```

（4）使用切片为列表增加元素。

示例代码

```
>>>alist=[5,7,9]
>>>alist[len(alist):]=[11]      #在列表尾部增加元素
>>>alist[:0]=[3,4]                #在列表头部插入多个元素
>>>alist[3:3]=[6]               #在列表中间位置插入元素
>>>alist
[3,4,5,6,7,9,11]
```

微课:元组

5.2 元组

元组(tuple)是 Python 的重要序列结构,属于不可变序列。可以将元组看作轻量级列表或者“静态列表”,它支持与列表类似的操作,但功能不如列表强大。在形式上,元组的所有

元素放在一对圆括号中,元素之间使用逗号隔开。也可省略圆括号,直接使用逗号分隔元素。

示例代码

```
>>>tup1=(1,2,3)               #创建元组 tup1
>>>tup2 ='a','b','c'            #创建元组 tup2 时省略了圆括号
```

如果要定义一个空元组,可以用没有包含内容的圆括号来表示。

示例代码

```
>>>tup3=()              #创建空元组 tup3
```

当元组中只包含一个元素时,圆括号既可以表示元组,又可以表示数学公式中的小括号,会产生歧义。

示例代码

```
>>>t =(1)
>>>t
1
```

在该程序中,将按数学公式进行计算,因此,输出结果为 1。在这种情况下,必须在元素后添加逗号以消除歧义。

示例代码

```
>>>tup4=(1,)              #元组中只有一个元素时,必须在后面多写一个逗号
```

5.2.1 元组的基本操作

元组和列表都属于有序序列,都支持使用双向索引访问其中的元素,都可以使用 index()方法获取指定元素首次出现的索引和使用 count()方法统计指定元素出现的次数,+、*、in 运算符也都可以作用于列表和元组。但元组是不可变序列,不可以修改元组的元素,也无法为元组添加和删除元素。因此,元组没有 append()、extend()、insert()、pop()、remove()等方法,也不支持对元组元素进行 del 操作。元组支持切片操作,但只能通过切片来访问元组中的元素,不允许使用切片来修改元组中的元素,也不支持使用切片操作为元组增加或删除元素。下面介绍元组的基本操作。

1. 访问元组

与列表类似,可以使用下标索引来访问元组中的元素。

示例代码

```
>>>tup1=('C','Python',3,4)              #创建元组 tup1
>>>tup1[1]              #输出元组索引为 1 的元素
'Python'
```

2. 元组的遍历

元组的遍历与列表的遍历类似,也可以通过 for 循环实现。

例 5-5　编写程序,实现元组的遍历。

参考代码

```
concept = ('优雅','明确','简单')      #创建元组 concept
for i in concept:                      #for 循环
    print(i)                           #输出 i
```

运行结果

```
优雅
明确
简单
```

3. 元组的运算

元组之间可以使用"+"和" * "进行运算。这意味着元组可以组合和复制,运算后会生成新的元组。

示例代码

```
>>> tup1=(1,2,3)
>>> tup2=('a','b','c')
>>> tup3 =tup1+tup2
>>> tup3
(1,2,3,'a','b','c')
>>> tup4 =tup1 * 2
>>> tup4
(1,2,3,1,2,3)
```

5.2.2　元组的内置函数

Python 提供的元组内置函数有 len()、max()、min()和 tuple()。在第 4 章已经介绍了 len()、max()、min()函数,此处不再赘述。下面介绍 tuple()函数。

tuple()函数将可迭代对象(如列表)转换为元组。其语法格式如下:

```
tuple(iterable)
```

其中,iterable 表示要转换为元组的可迭代对象。

示例代码

```
>>> list1=['Google','Taobao','Baidu']
>>> tuple(list1)                    #将列表转换为元组
('Google','Taobao','Baidu')
>>> tuple('www')                    #将字符串转换为元组
('w','w','w')
```

5.3 综合案例

5.3.1 计算选手得分

例 5-6 某比赛项目有 6 名裁判进行评分，在统计分数时，去掉一个最高分和一个最低分，然后取平均值即得到完成质量分。最后难度系数乘以质量分，得到最终得分。编程统计比赛选手的得分(结果保留 3 位小数)。

解题思路

输入数据时，先输入难度系数，然后输入裁判评分。可以先创建一个空列表，用于存储裁判评分，然后使用循环将裁判评分逐一追加到该空列表中。

参考代码

```
ratio=float(input('请输入难度系数:'))          #获取难度系数
score=[]                    #创建空列表
for i in range(1,7):        #循环
    num=float(input('%d 号评委打分:'%i))
    score.append(num)       #使用 append()方法存储裁判评分
mins=min(score)             #通过 min()函数求最低分
maxs=max(score)             #通过 max()函数求最高分
score.remove(mins)          #使用 remove()方法去掉最低分
score.remove(maxs)          #使用 remove()方法去掉最高分
avg=sum(score)/len(score)
print('运动员的得分:%.3f'%(avg* ratio))
```

运行结果

```
请输入难度系数:4.8
1 号评委打分:13.5
2 号评委打分:11
3 号评委打分:12.8
4 号评委打分:16
5 号评委打分:20
6 号评委打分:17.3
运动员的得分:71.520
```

5.3.2 简易购物车创建

例 5-7 现有商品列表 products=[["iphone",6888],["MacPro",14800],["小米 12",3199],["Coffee",31],["Book",60]]，需打印出如下格式：

```
------商品列表 ------
1    iphone    6888
```

```
2     MacPro     14800
3     小米 12     3199
4     Coffee     31
5     Book       60
```

要求实现不断询问用户想购买的商品，通过选择商品编号，将对应商品添加到购物车中，当用户输入“q”时选择退出，打印购买的商品列表。

解题思路

首先创建列表，通过列表的遍历打印可选择的商品列表。然后创建一个空列表表示购物车，用于存储用户购买的商品数据，通过循环实现询问用户想购买的商品。

参考代码

```
products=[["iphone",6888],["MacPro",14800],["小米 12",3199],["Coffee",31],["Book",
60]]
print("------商品列表------")
i=1
for product in products:            #列表的遍历
    print("%d\t%s\t%d"%(i,product[0],product[1]))
i+=1
#以上代码是商品列表创建与打印
shoppingTrolley=[]              #创建空列表代表购物车
choice=input("请选择需要购买的商品,商品编号:1~5,按 q 退出:")
while choice!="q":              #循环
    choiceNumber=int(choice)-1
    #使用 append()方法将商品添加到购物车
shoppingTrolley.append(products[choiceNumber])
    print(shoppingTrolley)
    choice=input("请选择需要购买的商品,商品编号:1~5,按 q 退出:")
else:
    if shoppingTrolley==[]:
        print("购物车为空,请选择商品!")
    else:
        print(shoppingTrolley)
```

运行结果

```
------商品列表------
1    iphone    6888
2    MacPro    14800
3    小米 12    3199
4    Coffee    31
5    Book      60
请选择需要购买的商品,商品编号:1~5,按 q 退出:1
[['iphone',6888]]
```

```
请选择需要购买的商品,商品编号:1~5,按 q 退出:2
[['iphone',6888],['MacPro',14800]]
请选择需要购买的商品,商品编号:1~5,按 q 退出:4
[['iphone',6888],['MacPro',14800],['Coffee',31]]
请选择需要购买的商品,商品编号:1~5,按 q 退出:q
[['iphone',6888],['MacPro',14800],['Coffee',31]]
```

本章总结

本章主要介绍了 Python 中的列表与元组,二者都是序列。列表使用方括号表示,其中的元素可以被修改,而元组使用小括号表示,其中的元素不能被修改。在实际开发中,应根据这两种序列的特点选择合适的类型。在学习相关方法和操作时应注意:①是否有返回值;②是否会修改当前对象;③是否会抛出异常。

课后习题

一、选择题

1. 下列说法中错误的是(　　)。

A. 列表可以存放任意类型的元素

B. 通过下标索引可以访问和修改元组的元素

C. 通过 insert()方法可以在列表指定位置插入元素

D. 列表是可变、有序序列

2. 表达式"[2] in [1,2,3,4]"的值是(　　)。

A. Yes　　B. No　　C. True　　D. False

3. max((1,2,3) * 2)的值是(　　)。

A. 3　　B. 4　　C. 5　　D. 6

4. 下列选项中与 s[0:-1]表示的含义相同的是(　　)。

A. s[-1]　　B. s[:]　　C. s[:len(s)-1]　　D. s[0:len(s)]

5. 对于列表 L=[1,2,'Python',[1,2,3,4,5]],L[-3]的是(　　)。

A. 1　　B. 2　　C. 'Python'　　D. [1,2,3,4,5]

6. tuple(range(2,10,2))的返回结果是(　　)。

A. [2,4,6,8]　　B. [2,4,6,8,10]

C. (2,4,6,8)　　D. (2,4,6,8,10)

7. 下列程序的运行结果是(　　)。

```
s=[1,2,3,4]
s.append([5,6])
print(len(s))
```

A. 2　　B. 4　　C. 5　　D. 6

8. 下列程序的运行结果是(　　)。

```
s1=[4,5,6]
s2=s1
s1[1]=0
print(s2)
```

A. [4,5,6]　　B. [4,0,6]　　C. [0,5,6]　　D. [4,5,0]

二、填空题

1. 如果要从小到大地排序列表的元素，可以使用________方法实现。

2. 对于列表 x，x. append(a) 等价于________________(用 insert 方法)。

3. 设有列表 L=[1,2,3,4,5,6,7,8,9]，则 L[2:4] 的值是________，L[::2] 的值是____________，L[-1] 的值是________，L[-1:-1-len(L):-1] 的值是________________________。

4. 已知 fruits=['apple','banana','pear']，print(fruits. index('apple')) 的结果是________，print('Apple' in fruits) 的结果是______。

5. 下列程序的运行结果是________。

```
s1=[1,2,3,4]
s2=[5,6,7]
print(len(s1+s2))
```

6. 下列语句执行后，s 值为______。

```
s=[1,2,3,4,5,6]
s[:1]=[]
s[:2]='a'
s[2:]='b'
del s[:1]
```

三、编程题

1. 输入某年某月某日(yyyy-MM-dd)，判断这一天是这一年的第几天。

2. 输入任意奇数个整数，要求计算中间数(数值大小处于中间的数)并输出。

3. 已知列表 list1=[70,88,91,70,107,234,91,177,282,197]，保证列表中元素的顺序不变，对列表进行去重，并对列表进行降序排序。

第6章 字典和集合

本章导读

在程序中，数据之间经常会有某种关联，这些数据之间存在对应关系。例如，在超市进行购物时，购物单上标明了所购物品和其对应的数量；在填写个人信息表格时，需要填写姓名、年龄、性别、民族、身高等信息；在统计一篇文章中某单词出现的次数时，该单词和其出现次数这两个数据是对应的。以上案例中的数据均需要借助Python中的一种类似于表格的字典结构来存储和处理。此外，Python中还提供了一种集合结构，由于在该结构中的元素具有不可重复性，所以运用该结构不仅能够去除重复值，还能分析两个数据序列的异同元素，具有统计学意义。

学习目标

- 理解字典的概念与结构特点。
- 掌握字典的创建和基本操作方法。
- 理解集合的概念与结构特点。
- 掌握集合的基本操作方法。
- 能够灵活运用字典和集合等组合数据类型存储、管理复杂的数据信息。

学习导航

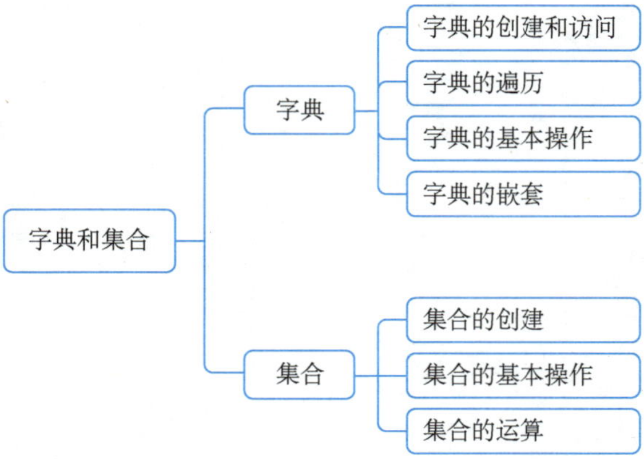

6.1 字典的创建和访问

微课：字典的创建和访问

字典是由大括号“{}”括起来的包含若干个元素的无序可变序列，元素之间用一个英文半角逗号分隔，其中每个元素由“键”和“值”两部分组成，也称键值对或关联数组。“键”和“值”具有一一对应(映射)关系，二者之间用英文半角冒号进行分隔，具体语法格式如下：

```
dict={key_1:value_1,key_2:value_2,key_3:value_3,… …,key_n:value_n}
```

其中，dict 表示字典名，必须满足标识符的合法命名规则；key_1、key_2、key_3、…、key_n 为字典的键，与其对应的值依次为 value_1、value_2、value_3、…、value_n。

例如，定义一个字典 InfoDict 如下：

```
InfoDict={'姓名':'张三','年龄':19,'性别':'男','民族':'汉'}
```

字典的元素具有以下特点：

(1) 字典中的“键”必须是 Python 中任意不可变数据，例如常量、字符串、元组等，不能使用变量、列表、字典与集合等可变数据作为字典的键。

示例代码

```
>>> InfoDict={['姓名']:'张三',['年龄']:19}
Traceback (most recent call last):
  File '<pyshell#0>',line 1,in <module>
    InfoDict={['姓名']:'张三',['年龄']:19}
TypeError: unhashable type: 'list'
```

(2) 字典中的“键”不能重复。定义一个字典时，当字典中有相同的键时，后定义的键值对会覆盖掉先定义的键值对。

示例代码

```
>>> InfoDict={'姓名':'张三','年龄':19,'姓名':'李明'}
>>> InfoDict
{'姓名':'李明','年龄':19}
```

(3) 字典中的元素具有无序性，即打印输出的元素顺序可以与创建时的元素顺序不同。

(4) “值”可以取任意数据类型，且允许重复。

6.1.1 字典的创建

创建字典的方式有多种，既可以直接赋值创建，也可以使用字典内置函数 dict( )将不同形式转换成字典。

1. 直接赋值创建

直接赋值创建字典是使用赋值运算符将一个字典赋值给一个变量，一般格式如下：

```
字典变量名={k1 : v1,k2 : v2,k3 : v3,…}
```

其中,k 表示键,v 表示值。

例如,创建一个包含国家和社会两个层面的社会主义核心价值观内容的字典。

示例代码

```
>>> scv={'国家':'富强、民主、文明、和谐','社会':'自由、平等、公正、法治'}
>>> scv
{'国家':'富强、民主、文明、和谐','社会':'自由、平等、公正、法治'}
```

2. 使用内置函数 dict( )转换

在实际应用中,通常需要将其他结构转换为字典,可以使用 dict( )函数来完成此操作,其语法格式如下:

```
dict(obj)
```

dict 为字典类型的标志,dict( )为 Python 系统内置的字典函数。

例如,请创建一个个人信息字典,内容包括:姓名(张三)、年龄(19)、性别(男)、民族(汉)。

步骤(1):创建空字典。

示例代码

```
>>> InfoDict=dict()      #也可以通过 InfoDict={}创建空字典
>>> InfoDict
{}
```

步骤(2):将其他序列转换成字典。

示例代码

```
>>> InfoDict={'姓名':'张三','年龄':19,'性别':'男','民族':'汉'}
>>> InfoDict2=dict(InfoDict)      #将另一个字典对象 InfoDict 转换成 InfoDict2
>>> InfoDict2
{'姓名':'张三','年龄':19,'性别':'男','民族':'汉'}
>>> InfoList=[('姓名','张三'),('年龄',19),('性别','男'),('民族','汉')]
>>> InfoDict3=dict(InfoList)      #将嵌套列表对象转换成字典
>>> InfoDict3
{'姓名':'张三','年龄':19,'性别':'男','民族':'汉'}
```

步骤(3):使用关键字参数形式创建字典。

基本语法格式如下:

```
dict(k1=v1,k2=v2,k3=v3,…)
```

注意:上述格式的键不使用引号。

示例代码

```
>>> InfoDict=dict(姓名='张三',年龄=19,性别='男',民族='汉')
>>> InfoDict
{'姓名':'张三','年龄':19,'性别':'男','民族':'汉'}
```

步骤(4):使用 zip 对象创建字典。

zip()函数将可迭代的对象作为参数,将对象中对应的元素打包成一个个元组,然后返回由这些元组组成的 zip 对象。

示例代码

```
>>> keys=['姓名','年龄','性别','民族']
>>> values=['张三',19,'男','汉']
>>> list(zip(keys,values))    #将 zip 对象转换成列表
[('姓名','张三'),('年龄',19),('性别','男'),('民族','汉')]
```

将上面实例的 zip 对象置于 dict 中,即 dict(zip(键序列,值序列)),表示将键和值按照对应关系一一压缩为键值对形式,从而形成字典。

示例代码

```
>>> InfoDict=dict(zip(keys,values))
>>> InfoDict
{'姓名': '张三','年龄': 19,'性别': '男','民族': '汉'}
```

3. 使用 fromkeys()方法创建字典

如果要求一个字典中的所有键对应同一个值,那么可以使用 fromkeys()方法创建字典。其语法格式如下:

```
dict.fromkeys(seq[,value])
```

说明:

(1) dict 不是字典名,而是固定格式;

(2) seq 为字典的所有键组成的序列;

(3) value 是为字典的键配的统一值,可缺省,若省略,则设置的值统一为 None。

例如,创建一个购物清单字典,键分别为“苹果”“香蕉”“葡萄”,值为购买数量,默认为 0。

示例代码

```
>>> InfoDict=dict.fromkeys(['苹果','香蕉','葡萄'],0)
>>> InfoDict
{'苹果':0,'香蕉':0,'葡萄':0}
```

6.1.2 字典的访问

字典元素中的每个“键”和“值”都是一一对应的关系，将“键”作为下标就能访问其对应的“值”，如果字典中不存在这个“键”，则会抛出异常。访问格式如下：

```
字典名[键]
```

示例代码

```
>>> InfoDict={'姓名':'张三','年龄':19,'性别':'男','民族':'汉'}
>>> InfoDict['姓名']           #"姓名"键存在,返回对应的值"张三"
'张三'
>>> InfoDict['爱好']           #"爱好"键不存在,抛出异常
Traceback (most recent call last):
   File "<pyshell#2>",line 1,in <module>
     InfoDict['爱好']
KeyError: '爱好'
```

在某些特定情况下，当访问的“键”不存在时，用户不希望抛出异常。Python 为字典对象提供了 get( )方法来返回指定键对应的值，并支持当该键不存在时返回一个默认值，此时程序不会抛出异常。get( )的语法格式如下：

```
字典名.get(指定键[,默认值])
```

说明：

(1) 指定键若存在，则返回字典中对应的值，若不存在，则返回默认值；

(2) 默认值可缺省，指定键若不存在且未指定默认值，则返回 None。

示例代码

```
>>> InfoDict.get('年龄')
19                                  #指定"年龄",返回 19
>>> InfoDict.get('爱好','不存在')    #指定不存在的键"爱好",返回默认值"不存在"
'不存在'
>>> InfoDict.get('爱好')             #未设定默认值,返回结果呈现空,程序不报错
>>> print(InfoDict.get('爱好'))      #需用输出语句输出 None
None
```

6.2 字典的遍历

微课：字典的遍历

在字典中，不但可以对“键”对应的“值”进行单一访问，还可以进行迭代或遍历。默认遍历字典的键。字典对象提供了 3 种方法遍历字典的元素、键或值，可以根据具体需求进行选择。

(1) items( )方法：可使用该方法明确说明字典的元素。

(2) keys( )方法：可使用该方法明确说明字典的键。

（3）values( )方法：可使用该方法明确说明字典的值。

示例代码

```
>>> InfoDict = {'姓名':'张三','年龄':19,'性别':'男','民族':'汉'}
>>> for item in InfoDict:        #默认遍历字典中的键
    print(item)
姓名
年龄
性别
民族

>>> for item in InfoDict.items():   #明确说明遍历字典中的元素,键值对以元组形式输出
    print(item)
('姓名','张三')
('年龄',19)
('性别','男')
('民族','汉')

>>> for key,value in InfoDict.items():     #同时遍历键和值,且独立输出
    print(key,'对应的值:',value)
姓名 对应的值: 张三
年龄 对应的值: 19
性别 对应的值: 男
民族 对应的值: 汉

>>> for key in InfoDict.keys():      #明确说明遍历字典中的键
    print(key)
姓名
年龄
性别
民族

>>> for value in InfoDict.values():      #明确说明遍历字典中的值
    print(value)
张三
19
男
汉
```

6.3 字典的基本操作

微课：字典的基本操作

6.3.1 元素的添加和修改

当以指定键作为下标，为字典元素赋值时，有以下两种含义：

(1) 若字典中该键存在,则表示修改它对应的值;

(2) 若该键不存在,则表示添加一个新的键值对,即添加一个新元素。

```
>>> InfoDict={'姓名':'张三','年龄':19,'性别':'男','民族':'汉'}
>>> InfoDict['年龄']=29            #修改元素值
>>> InfoDict
{'姓名':'张三','年龄':29,'性别':'男','民族':'汉'}
>>> InfoDict['爱好']='跑步'       #添加新元素
>>> InfoDict
{'姓名':'张三','年龄':29,'性别':'男','民族':'汉','爱好':'跑步'}
```

尽管以指定键为下标添加或修改元素的方法比较简便,但每次只能添加或修改一个元素,为了更高效地处理元素,Python 还为字典对象提供了 update( )方法。其语法格式如下:

```
S.update(T)
```

这表示将字典 T 中的全部元素一次性更新至字典 S 中。此处的"更新"存在两种含义:

(1) 若 T 和 S 中存在相同的键,则 T 中对应的值将对 S 中的值进行更新;

(2) 若 T 中的键不存在于 S 中,则在 S 中添加键值对。

例如,在字典 InfoDict 中添加一个键值对(张三的"爱好"为"跑步"),并将"年龄"的值修改为 29。

示例代码

```
>>> InfoDict={'姓名':'张三','年龄':19,'性别':'男','民族':'汉'}
>>> InfoDict.update({'爱好':'跑步','年龄':29})
>>> InfoDict
{'姓名':'张三','年龄':29,'性别':'男','民族':'汉','爱好':'跑步'}
```

6.3.2 元素的删除

可以使用字典对象的 pop( )和 popitem( )方法弹出并删除指定的元素,还可以使用 clear( )方法和 del 命令删除所有元素或字典。

1. 字典名.pop(key [,default])方法

第一个参数 key 为键,通过指定 key 弹出并删除元素;第二个参数 default 为可选默认值,如果字典中没有要删除的指定键,则返回默认值。

2. 字典名.popitem( )方法

该方法没有参数,表示弹出并删除最后一个元素。

示例代码

```
>>> InfoDict={'姓名':'张三','年龄':19,'性别':'男','民族':'汉'}
>>> InfoDict.pop('年龄')              #删除指定键的元素
19
>>> InfoDict.pop('爱好','跑步')   #删除不存在的元素,返回默认值
```

```
'跑步'
>>> InfoDict
{'姓名':'张三','性别':'男','民族':'汉'}
>>> InfoDict.popitem()
('民族','汉')                    #弹出并删除最后一个元素,以元组形式返回
>>> InfoDict
{'姓名':'张三','性别':'男'}
```

3. 字典名.clear( )方法

字典还支持使用 clear( )方法删除所有元素。该方法无参数,表示清空字典。

示例代码

```
>>> InfoDict.clear()
>>> InfoDict
{}                               #空字典,元素个数为 0
```

4. 使用 del 命令

还可以使用 del 命令删除字典。

示例代码

```
>>> InfoDict={'姓名':'张三','年龄':19,'性别':'男','民族':'汉'}
>>> del InfoDict['年龄']
>>> InfoDict
{'姓名':'张三','性别':'男','民族':'汉'}
>>> del InfoDict
>>> InfoDict
Traceback (most recent call last):
  File "<pyshell#9>",line 1,in <module>
    InfoDict
NameError: name 'InfoDict' is not defined
```

在实际应用中,应注意 del 命令与 clear( )方法的区别。使用 clear( )方法只是将字典元素清空,在内存中仍然保留该字典,而使用 del 命令之后,字典在内存中将不复存在。

6.3.3 字典的复制

在 Python 中,有三种复制字典方法,分别是直接赋值、浅复制和深复制。

1. 直接赋值

直接赋值是对象的引用。因此,在内存中,若两个字典引用的是同一个对象,则当其中一个字典被修改时,修改结果也会影响另一个字典。

示例代码

```
>>> InfoDict1={'姓名':'张三','年龄':19,'性别':'男','民族':'汉'}
>>> InfoDict2=InfoDict1       #直接赋值,InfoDict1 的内容引用到 InfoDict2 中
```

```
>>> InfoDict1['爱好']='跑步'  #修改 InfoDict1 的内容
>>> InfoDict1                 #访问 InfoDict1
{'姓名':'张三','年龄':19,'性别':'男','民族':'汉','爱好':'跑步'}
>>> InfoDict2                 #访问 InfoDict2
{'姓名':'张三','年龄':19,'性别':'男','民族':'汉','爱好':'跑步'}
```

2. 浅复制

调用 dict.copy()方法,可以用来复制字典。其中,dict 为需复制的字典名,该方法无参数,复制后会返回一个新的字典对象,内容与原字典完全相同。这种方法称为字典的浅复制。

示例代码

```
>>> InfoDict1={'姓名':'张三','年龄':19,'性别':'男','民族':'汉'}
>>> InfoDict2=InfoDict1.copy()  #复制 InfoDict1 的内容,并赋值给 InfoDict2
>>> InfoDict2                   #访问 InfoDict2
{'姓名':'张三','年龄':19,'性别':'男','民族':'汉'}
>>> InfoDict1['爱好']='跑步'     #修改 InfoDict1 对象
>>> InfoDict1                   #访问 InfoDict1
{'姓名':'张三','年龄':19,'性别':'男','民族':'汉','爱好':'跑步'}
>>> InfoDict2                   #再次访问 InfoDict2,InfoDict2 未被修改
{'姓名':'张三','年龄':19,'性别':'男','民族':'汉'}
```

3. 深复制

如果一个完整的字典对象被看作父对象,那么“值”就可看作子对象。在 6.1 节中已经指出,字典对象的“键”必须是不可变数据,而“值”可以是任意类型。当“值”是一个可变序列对象(如列表)时,子对象内部的元素是可以修改的。前述的浅复制过程实际上可以理解为只复制父对象,但仍然引用其内部的子对象,而深复制则是完全复制父对象及其子对象,需要使用 copy 模块中的 deepcopy()方法。

例 6-1 编写程序,区分直接赋值、浅复制和深复制。

参考代码

```
InfoDict1={'姓名':'张三','年龄':19,'爱好':['跑步','唱歌']}
InfoDict2=InfoDict1                    #直接赋值
InfoDict3=InfoDict1.copy()             #浅复制
import copy
InfoDict4=copy.deepcopy(InfoDict1)     #深复制
InfoDict1['姓名']='李明'                #把'姓名'的值'张三'改为'李明'
InfoDict1['爱好'].remove('跑步')        #把'爱好'的值中'跑步'删除
print('直接赋值的结果',InfoDict2)
print('浅复制的结果',InfoDict3)
print('深复制的结果',InfoDict4)
```

运行结果

程序运行结果如图 6-1 所示。

```
==================== RESTART: H:\Python\课本案例\第6章\例6-1.py ====
直接赋值的结果 {'姓名': '李明', '年龄': 19, '爱好': ['唱歌']}
浅复制的结果 {'姓名': '张三', '年龄': 19, '爱好': ['唱歌']}
深复制的结果 {'姓名': '张三', '年龄': 19, '爱好': ['跑步', '唱歌']}
>>>
```

图 6-1　例 6-1 程序运行结果

程序分析

字典 InfoDict1 是父对象,键'爱好'对应的值['跑步','唱歌']是子对象,InfoDict2 为引用 InfoDict1 的结果,因此,InfoDict2 随 InfoDict1(父对象、子对象)同步变化。InfoDict3 为浅复制 InfoDict1 的结果,当 InfoDict1(父对象、子对象)发生变化时,复制父对象,因此,'姓名'的值仍为'张三',引用子对象,因此,子对象变成['唱歌']。InfoDict4 为深复制 InfoDict1 的结果,当 InfoDict1(父对象、子对象)发生变化时,InfoDict4 完全复制父对象与子对象,与 InfoDict1 相互独立,因此,其中的元素与 InfoDict1 字典元素完全相同。

6.4 字典的嵌套

微课:字典的嵌套

为了数据管理的便捷性,需要将一系列字典存储在列表中,或将列表作为值存储在字典中,这称为字典嵌套。关于字典的嵌套形式分为 3 种:在列表中嵌套字典,在字典中嵌套列表,在字典中嵌套字典。下面将详细介绍这 3 种形式。

6.4.1 在列表中嵌套字典

假设用户需要管理多个学生的成绩,每个学生都分别有语文、数学、英语、计算机四门科目的成绩需要记录。InfoDict1 只能存储第一个学生的成绩,第二个、第三个无法存储。那么如何管理这些成绩呢? 可以创建一个成绩列表,其中每个元素都是一个字典,包含一个学生的各科成绩信息。

例 6-2　在列表中嵌套字典,存储学生成绩。

参考代码

```
InfoDict1={'姓名':'刘明','语文':82,'数学':90,'英语':75,'计算机':87}
InfoDict2={'姓名':'王凡','语文':78,'数学':86,'英语':80,'计算机':82}
InfoDict3={'姓名':'李云','语文':85,'数学':79,'英语':88,'计算机':90}
StuScore=[InfoDict1,InfoDict2,InfoDict3]
for i in StuScore:
    for m,n in i.items():
        print(m,n,end='')
print()
```

运行结果

程序运行结果如图 6-2 所示。

```
==================== RESTART: H:\Python\课本案例\第6章\例6-2.py ==
姓名 刘明 语文 82 数学 90 英语 75 计算机 87
姓名 王凡 语文 78 数学 86 英语 80 计算机 82
姓名 李云 语文 85 数学 79 英语 88 计算机 90
>>> |
```

图 6-2　例 6-2 程序运行结果

程序分析

在上述程序中，首先将 3 名学生的成绩信息定义为字典并赋值，然后创建了一个列表 StuScore，并将这 3 个字典存储到列表中，最后使用双循环遍历每个字典中的键-值对。

6.4.2　在字典中嵌套列表

当在字典中一个键需要关联多条信息时，可以在字典中嵌套列表。

例 6-3　在字典中存储一份购物清单，包含物品名称、单价、数量、金额，并最终计算购物额。

参考代码

```
gwc={'苹果':[6.5,5],'香蕉':[4,3],'脐橙':[8,10]}                #定义一个字典，嵌套列表
print('物品名称','单价(元)','数量(斤)','总价')    #输出标题行
for key,value in gwc.items():                          #遍历字典
    print(key,value[0],value[1],value[0]*value[1])     #输出键、列表中的值及总价
print('此次购物总金额为:',end='')
s=0                                                    #求购物总金额，和归零
for value in gwc.values():                             #遍历字典的值
    p=value[0]*value[1]
    s=s+p
print(s)
```

运行结果

程序运行结果如图 6-3 所示。

```
==================== RESTART: H:\Python\课本案例\第6章\例6-3.py ==
物品名称 单价（元） 数量（斤） 总价
苹果 6.5 5 32.5
香蕉 4 3 12
脐橙 8 10 80
此次购物总金额为：124.5
>>> |
```

图 6-3　例 6-3 程序运行结果

程序分析

在上述程序中，首先定义了一个嵌套了列表的字典，键为物品名称，值为由单价和数量构成的列表；其次通过遍历字典，获取其中的键及其对应的值，同时通过索引访问值列表中的单价和数量，并求出总价；最后通过求和代码将值列表中的总价累加起来，得到购物总金额并输出。其中，key 作为字典 gwc 中的键变量，value 作为值变量，因此，要访问单价和数量，可以分别用 value[0]和 value[1]表示，也可以用 gwc[key][0]和 gwc[key][1]来表示。

知识库

"序列名[下标 1][下标 2]"表示在嵌套序列中访问嵌套对象的元素。

6.4.3　在字典中嵌套字典

在字典中嵌套字典就是将字典作为值进行存储。下面通过举例说明。

例 6-4　创建一个名为"province"的字典。其中，将三个省的名称作为键，对于每个省份，都创建一个字典，包含其省会城市及该市区号。要求将省份、省会城市及对应区号打印出来。

参考代码

```
province={'江西':{'南昌':'0791'},
          '湖南':{'长沙':'0731'},
          '安徽':{'合肥':'0551'}
          }
for i,j in province.items():   #遍历外层字典的所有元素
    print(i,end='')            #输出省份,以空字符串结尾
    for m,n in j.items():      #遍历内层字典(province)的所有元素
        print('的省会是',m,'区号是',n)
```

运行结果

程序运行结果如图 6-4 所示。

```
==================== RESTART: H:\Python\课本案例\第6章\例6-4.py ==
江西的省会是 南昌 区号是 0791
湖南的省会是 长沙 区号是 0731
安徽的省会是 合肥 区号是 0551
>>>
```

图 6-4　例 6-4 程序运行结果

字典可以写成垂直的形式，如例 6-4 程序参考代码所示。创建好字典后，可使用循环嵌套和字典的 items()方法将所需信息打印输出。

6.5 集合

微课：集合

集合(set)是由大括号"{}"括起来的包含 0 个或多个数据对象的无序组合。集合中的元素具有不可重复性且必须是固定数据类型(如数字、字符串、元组等)，而如列表、字典等可变数据类型，甚至集合本身都不能作为集合元素。

6.5.1 集合的创建

创建集合的方式非常简单，如下示例。

示例代码

```
>>> aSet={1,2,3,4,5}          #创建一个集合,并赋值
>>> aSet                      #输出集合
{1,2,3,4,5}
>>> bSet={1,3,2,1,3,4}        #创建一个集合,并赋值
>>> bSet                      #输出集合
{1,2,3,4}
```

从以上代码可知：①集合具有互斥性，当创建的集合中有重复元素时，输出该集合会自动过滤掉重复的元素；②集合具有无序性，输出结果可以与创建时元素顺序不一致。

利用集合元素的不重复性，可以使用 set() 函数将其他类型的序列转换成集合，该过程中会自动去除重复元素。

示例代码

```
>>> cSet=set('helloworld')              #将字符串转换成集合
>>> cSet
{'o','l','r','e','h','w','d'}
>>> dSet=set([3,2,1,4,3,2])             #将列表转换成集合
>>> dSet
{1,2,3,4}
>>> eSet=set()                          #创建空集合
>>> eSet
set()
```

由以上代码可知，使用集合处理一维序列中的重复元素效率非常高。另外，若集合中包含 0 个元素，则为空集合，可直接使用 set() 函数赋值创建。

知识库

比较空列表、空元组、空字典和空集合的创建形式：空列表使用[]或者 list() 函数创建，空元组使用()或者 tuple() 函数创建，空字典使用{}或者 dict() 函数创建，而空集合只能使用 set() 函数创建。

例 6-5　若元组 x = (1,2,1,3,4,2,5,7,6,4,3,8,2,3,9,5)，请将元组 x 中的重复值删除。

参考代码

```
x=(1,2,1,3,4,2,5,7,6,4,3,8,2,3,9,5)
x=set(x)
x=tuple(x)
print(x)
```

运行结果

程序运行结果如图 6-5 所示。

```
==================== RESTART: H:\Python\课本案例\第6章\例6-5.py ==
(1, 2, 3, 4, 5, 6, 7, 8, 9)
>>>
```

图 6-5　例 6-5 程序运行结果

程序分析

在上述程序中，首先创建了一个元组 x 并赋值，然后使用 set(x) 函数将 x 去重，得到一个集合并重新赋值给 x，最后使用 tuple(x) 函数将 x 重新转换为元组并输出。

6.5.2　集合的基本操作

1．集合元素的添加与删除

集合是可变序列，因而具有添加和删除功能，Python 为此提供了一些方法、函数或命令，见表 6-1。

表 6-1　Python 中可添加或删除集合元素的操作

方法/函数/命令	功能描述
A. add(x)	如果参数项 x 不在集合 A 中，则将 x 添加至 A 中；如果参数项 x 已在集合 A 中，则 A 保持不变
A. update(B)	合并集合 B 中的元素到当前集合 A 中，并自动去除重复元素
A. remove(x)	如果参数项 x 存在于 A 中，则移除该元素；反之则报错
A. discard(x)	如果参数项 x 存在于 A 中，则移除该元素；反之不报错
A. pop(x)	随机删除并返回集合 A 中的一个元素，如果 A 为空，则报错
A. clear()	清空集合 A
del A	删除集合 A

示例代码

```
>>> A={1,2,3,4,5,6,7,8}                #创建集合 A 并赋值
```

```
>>> A.add(10)                    #添加元素 10 至集合 A 中
>>> A                            #输出集合 A
{1,2,3,4,5,6,7,8,10}
>>> B={9,10}                     #创建集合 B 并赋值
>>> A.update(B)                  #合并集合 B 至集合 A 中,自动去除重复元素
>>> A                            #输出集合 A
{1,2,3,4,5,6,7,8,9,10}
>>> A.remove(5)                  #移除元素 5
>>> A                            #输出集合 A
{1,2,3,4,6,7,8,9,10}
>>> A.remove(5)                  #再次移除元素 5
KeyError: 5                      #元素 5 不存在,抛出异常
>>> A.discard(5)                 #用 discard()方法去除元素 5
>>> A                            #输出集合 A,不报错
{1,2,3,4,6,7,8,9,10}
>>> A.discard(6)                 #删除元素 6
>>> A                            #输出集合 A
{1,2,3,4,7,8,9,10}
>>> A.pop()                      #随机删除并返回一个元素
1
>>> A                            #输出集合 A
{2,3,4,7,8,9,10}
>>> A.clear()                    #清空集合 A
>>> A                            #输出集合 A
set()                            #空集合
>>> del A                        #删除集合 A
>>> A                            #输出集合 A
NameError: name 'A' is not defined    #集合 A 未定义
```

在上述代码中,需注意 clear()方法与 del 命令的区别。

2. 集合常用内置函数

集合常用内置函数包括 len()、max()、min()、sum()、sorted()等。

示例代码

```
>>> A={5,3,6,7,6,8,9}
>>> len(A)              #求集合 A 的长度,自动忽略重复元素
6
>>> max(A)              #求集合 A 的元素最大值
9
>>> min(A)              #求集合 A 的元素最小值
3
>>> sum(A,1)            #求集合 A 元素的和,起始加数为 1(默认为 0)
39
>>> sorted(A)           #将集合 A 中的元素按升序排序
[3,5,6,7,8,9]           #结果为列表
```

例 6-6　编写程序,实现随机生成 50 个 1~100 以内的数字,并满足这些生成的数字互不重复,且所有数字的个位数不能为 5。将这 50 个数字按从小到大的顺序输出并求和。

参考代码

```
import random                       #导入随机函数模块
gather=set()                        #创建空集合
while True:                         #无限循环
    x=random.randint(1,100)         #生成一个随机数字
    if x% 10 !=5:                   #满足个位数不为 5
        gather.add(x)               #添加进 gather 集合
    if len(gather)==50:             #如果生成了 50 个不同的随机数字
        break                       #结束循环
print(sorted(gather))               #从小到大排序
print(sum(gather))                  #求和
```

运行结果

程序运行结果如图 6-6 所示。

```
==================== RESTART: H:\Python\课本案例\第6章\例6-6.py ====================
[1, 3, 4, 6, 7, 8, 9, 10, 11, 12, 13, 16, 17, 23, 24, 29, 31, 33, 36, 39, 40, 44, 50, 51, 53, 54,
57, 58, 62, 66, 67, 68, 70, 73, 76, 77, 78, 79, 80, 83, 86, 87, 88, 89, 90, 91, 92, 96, 97, 100]
2534
>>>
```

图 6-6　例 6-6 程序运行结果

程序分析

本例题巧妙地利用了集合元素不允许重复的特点,将随机生成且满足个位数不为 5 的条件的数字放在一个集合中,并自动忽略重复的数字。在上述程序中,利用 len( ) 函数判断是否生成了 50 个不同的数字(即集合的长度是否达到了 50)。使用 while True 无限循环实现不断生成数字,当有 50 个满足条件的数字后,执行 break 语句以结束循环。另外,使用 sorted( ) 函数排序,使用 sum( ) 函数求和。

6.5.3　集合的运算

除了前述的功能以外,Python 中的集合还支持数学意义上的求交集、并集、补集和差集等运算,见表 6-2。

表 6-2　集合运算符及其含义

操作符	含义	描述
A & B	交集	返回一个新集合,包含两个集合的共同元素
A | B	并集	返回一个新集合,包含两个集合中所有的元素
A ^ B	补集	返回一个新集合,包含除两集合中除共同元素外的其他所有元素
A - B	差集	返回一个新集合,包含只在 A 中不在 B 中的元素

（续表）

操作符	含义	描述
A >=B	超集	判断 A 是否是 B 的超集。如果是，则返回 True，反之返回 False；若 A > B 成立，则 A 是 B 的真超集
A <=B	子集	判断 A 是否是 B 的子集。如果是，则返回 True，反之返回 False；若 A < B 成立，则 A 是 B 的真子集

示例代码

```
>>> aSet={1,2,3,4}              #创建集合并赋值
>>> bSet={3,4,5,6}              #创建集合并赋值
>>> aSet & bSet                   #交集
{3,4}
>>> aSet  | bSet                  #并集
{1,2,3,4,5,6}
>>> aSet^bSet                     #补集
{1,2,5,6}
>>> aSet-bSet                     #差集
{1,2}
>>> cSet={1,2,3,4,5,6}          #创建集合并赋值
>>> aSet<=cSet                  #aSet 是 cSet 的子集
True
```

6.6 综合案例

6.6.1 单词词频统计

例 6-7 统计以下一段英文中每个单词出现的次数，将次数按降序排序，并输出单词及其出现次数。

Sometimes people come into your life and you know right away that they were meant to be there, they serve some sort of purpose, to teach you a lesson or help figure out who you are or who you want to become. You never know who these people may be - your roommate, neighbor, professor, long lost friend, lover or even a complete stranger who, when you lock eyes with them, you know that very moment that they will affect your life in some profound way.

参考代码

```
words="Sometimes people come into your life and you know right away \
that they were meant to be there,they serve some sort of purpose,\
to teach you a lesson or help figure out who you are or who you want \
to become. You never know who these people may be - your roommate,\
```

```
neighbor,professor,long lost friend,lover or even a complete stranger\
who,when you lock eyes with them,you know that very moment that they \
will affect your life in some profound way."        #创建一条字符串,"\"为断行符
worddict={}                                         #创建一个空字典,存储单词及其出现次数
words=words.split()                                 #按空格分离出单词
for word in words:
    word=word.strip(',.')                           #去除单词两端附带的标点符号
    word=word.lower()                               #把所有单词的拼写统一成小写
    worddict[word]=worddict.get(word,0)+1           #统计各个单词的次数,默认从 0 开始
worddict=list(worddict.items())                     #将字典转换成列表,方便对次数排序
worddict.sort(key=lambda x:x[1],reverse=True)       #对次数按降序进行排序
worddict=dict(worddict)                             #将排序结果重新转换为字典
for word,count in worddict.items():                 #遍历字典的元素
print(word,count)                                   #输出单词及其对应的次数
```

运行结果

程序运行结果如图 6-7 所示。

```
you 7
your 3
know 3
that 3
they 3
to 3
or 3
who 3
people 2
life 2
be 2
some 2
a 2
sometimes 1
come 1
into 1
and 1
right 1
away 1
were 1
meant 1
there 1
serve 1
sort 1
of 1
purpose 1
teach 1
lesson 1
help 1
figure 1
out 1
are 1
want 1
become 1
never 1
these 1
may 1
- 1
roommate 1
neighbor 1
professor 1
long 1
lost 1
friend 1
lover 1
even 1
complete 1
strangerwho 1
when 1
lock 1
eyes 1
with 1
them 1
very 1
moment 1
will 1
affect 1
in 1
profound 1
way 1
>>>
```

图 6-7　例 6-7 程序运行结果

程序分析

本例题综合运用了字符串相关操作方法和字典相关操作。在上述程序中,首先,定义了一条字符串,且为防止一行过长,使用断行符“\”对文本进行断行操作;其次,创建了一个空字典,用于存储单词及其在字符串中出现的次数,其中单词为键,次数为值;再次,通过循环遍历将各单词按空格进行分离、去除标点符号和统一大小写等操作,生成纯单词,紧接着通过字典元素的访问及 get()方法在键不存在的情况下能设置默认值的特点,对单词出现的次数进行统计,当单词第一次统计时,次数为 0+1=1,此后,每出现一次,次数累加 1;最后,对次数按降序进行排序[需要先将转换成一个嵌套列表,然后使用 lambda 表达式及 sort()方法对列表的第二层索引为 1 的元素(次数)进行降序排序,最后将排序结果转换回字典],排序后输出结果。

6.6.2 用户登录验证

例 6-8 编写一个用户登录验证程序，假设张三和李明两名用户正在进行登录操作，系统初始密码是 123456。要求：输入用户名和密码，若认证成功，则显示“XXX，欢迎您”；若输入的用户名不存在，则输出提示“用户名不存在”；若输入的密码错误，则输出提示“密码错误”。同一个用户输错 5 次密码后将被锁定，并退出程序。

参考代码

```
count=1                                                #输入次数初始值为 1
pwd=123456                                             #预设密码为 123456
user={'张三':[pwd,count],'李明':[pwd,count]}           #定义一个字典,存储用户信息
while True:                                            #开始循环
    name=input ('用户名:')                             #输入用户名
    password=int(input('密码:'))                       #输入密码
    if name not in user.keys():                        #如果用户名不在字典中
        print('用户名不存在')                          #输出提示语
        break                                          #结束循环
    if user[name][1]>4:                                #如果密码输入次数超过 4 次
        print('密码错误达 5 次,用户名%s 被锁定'%name)#输出提示语
        break                                          #结束循环
    if password==user[name][0]:                        #如果输入的密码正确
        print('%s,欢迎您'%name)                        #输出提示语
        break
    else:                                              #否则输入密码错误
        print('密码错误')                              #输出提示语
        user[name][1]+=1                               #输入错误的次数加 1
```

运行结果

程序运行结果如图 6-8 所示。

```
用户名：张三
密码：123
密码错误
用户名：张三
密码：1234
密码错误
用户名：张三
密码：12345
密码错误
用户名：张三
密码：1234567
密码错误
用户名：张三
密码：12345678
密码错误达5次，用户名张三被锁定
>>>
```

```
用户名：汤姆
密码：123456
用户名不存在
>>>
```

```
用户名：张三
密码：123456
张三，欢迎您
>>>
```

图 6-8　例 6-8 程序运行结果

程序分析

本例题的关键是需要创建一个能存储用户名、密码和错误输入次数的字典，且数据之间互相有关联，因此需要创建一个嵌套字典。定义变量 count 的目的是统计密码输入错误的次数，赋初始值为 1，表示即将进行第一次输入。定义变量 pwd，赋初值 123456 为预设密码，由用户输入用户名和密码，程序判断用户名和密码是否正确。根据题意，可结合 if 结构分情况完成代码：如果用户名不存在，则跳出循环，退出程序；如果密码输入错误次数超过 4 次，则退出程序；如果登录成功，则在弹出“XXX，欢迎您”的信息后退出程序；如果密码错误，则统计次数增加 1 次，并回到循环起始处重复执行循环体。

6.6.3 了解选课学生信息

例 6-9 在大学中，教师常常要对学生在选课系统中的选课结果进行统计。假设已知：

```
Python=set(['张三','李四','赵六','王二','秦一'])
C=set(['钱浩','李四','赵六','王丽','史业'])
```

若教师还需要知道：

(1) 既选择了 Python 语言又选择了 C 语言的学生；

(2) 参与选课的所有学生；

(3) 选择了 Python 语言但没有选择 C 语言的学生；

(4) 只选了一门课的学生。

请编写程序，统计并输出以上结果。

参考代码

```
Python=set(['张三','李四','赵六','王二','秦一'])
C=set(['钱浩','李四','赵六','王丽','史业'])
a=Python & C
b=Python |C
c=Python-C
d=Python^C
print('既选择了 Python 语言又选择了 C 语言的学生:',a)
print('参与选课的所有学生:',b)
print('选择了 Python 语言但没有选择 C 语言的学生:',c)
print('只选了一门课的学生:',d)
```

运行结果

程序运行结果如图 6-9 所示。

```
==================== RESTART: H:\Python\课本案例\第6章\例6-9.py ====================
既选择了Python语言又选择了C语言的学生： {'赵六', '李四'}
参与选课的所有学生： {'王二', '张三', '李四', '钱浩', '赵六', '秦一', '王丽', '史业'}
选择了Python语言但没有选择C语言的学生： {'王二', '张三', '秦一'}
只选了一门课的学生： {'王二', '张三', '秦一', '王丽', '钱浩', '史业'}
>>>
```

图 6-9 例 6-9 程序运行结果

本章总结

本章主要讲解了 Python 中字典对象的创建、访问、遍历和基本操作，以及集合对象的创建与基本操作。通过学习，读者应掌握以下知识点：

（1）字典和集合都是无序可变序列，字典以键作为下标来访问值，集合不支持通过下标访问元素。

（2）字典的键与集合的元素均不可重复，且都必须是不可变类型；当定义的字典中有重复的键时，后定义的键值对会覆盖掉先定义的键值对；由于集合元素具有互斥性，所以使用集合可以快速去除其他序列中的重复元素。

（3）字典的基本操作包括：创建字典、修改、添加、删除字典元素，更新和复制字典等。

（4）字典的遍历和嵌套方法。

（5）集合的基本操作包括：创建集合，添加和删除集合元素，清空集合，以及集合的交、差、并、补、子、超集 6 种运算。

字典的不同创建方式体现了在解决一个问题时，往往会有多种方法，此时需要多思考，根据具体的问题情境灵活对待，以做出最优选择。

当在字典中指定不存在的键时，直接访问会抛出异常，而使用 get( ) 方法能避免程序出错，这体现了方法的重要性。人在处理问题时，也应具有不畏困难、勇于探索解决方案的时代精神。

字典的遍历思想体现了成功来自正确的选择与自始至终的坚持，没有捷径，只能坚定不移地努力奋斗。

字典基本操作方法体现了为人处事要有“勇”有“谋”：“勇”指的是在学习中，需要有勇毅之力不断探索，“谋”指的是处事应遵循方法论，注重策略。

课后习题

一、选择题

1. 以下不能创建一个字典的语句是(　　)。

A. dict1 = { }　　B. dict2 = { 3 : 5 }

C. dict3 = {[1,2,3]: "test"}　　D. dict4 = {(1,2,3): "test"}

2. 字典对象的(　　)方法可以返回字典的值列表。

A. keys( )　　B. value( )　　C. values( )　　D. items( )

3. 下面程序的执行结果为(　　)。

```
x={'显示器':800,'键盘':50,'鼠标':25}
y={'显示器':750,'主板':1000,'鼠标':30}
x.update(y)
print(x)
```

A. {'显示器':800,'键盘':50,'鼠标':25,'主板':1000}

B. {'显示器':800,'键盘':50,'鼠标':25}

C. {'显示器':750,'键盘':50,'鼠标':30}

D. {'显示器':750,'键盘':50,'鼠标':30,'主板':1000}

4. 已知嵌套字典如下,则 a["Tom"]["id"]的值为(　　)。

```
a={"David" : { "class" : 2 ,"id" : "20210101"},
"Tom" : { "class" : 1 ,"id" : "20210202"},
"Lily" : { "class" : 3 ,"id" : "20210305"}
}
```

A. { "class" : 1 , "id" : "20210202"}

B. 20210202

C. 20210101

D. 20210305

5. 定义一个集合 a={5,3,7,8,9,5,8},则它的长度及所有元素的和分别为(　　)。

A. 5　32　　B. 7　32　　C. 5　45　　D. 7　45

二、填空题

1. 字典和集合都是由一对________符号作为界定符,字典的每个元素是由________和________两部分构成,其中________不可以重复。

2. 可以通过________函数将其他序列转换为字典;集合结构的类型名为________。

3. 以下代码实现输出字典中所有的人名,请将空缺的代码补充完整。

```
age={"张锋" : 19,"李明" : 20,"赵琴" : 22}
for ___①___ in ___②___:
    print(name)
```

4. 假设元组 m=(1,2,3,4,5,6,7,8,9,10,11,12),列表 xz=['水瓶座','双鱼座','白羊座','金牛座','双子座','巨蟹座','狮子座','处女座','天秤座','摩羯座','射手座','天蝎座']。若想用一条语句将 m 和 xz 转换成字典,键为 m 中的月份,值为 xz 中的星座,那么,这条语句可以为________________。

5. 假设集合 a={"语文","数学","英语","计算机"},b={"语文","数学","计算机","政治","历史"},若要得到{"语文","数学","计算机"}的结果,则集合运算为________;若要得到{"英语"}的结果,则集合运算为________。

三、编程题

1. 编写程序,对用户输入的英文字符串中各字母出现的次数进行统计(字母不区分大小写),统计结果使用字典存放。例如,字符串"I like python."的统计结果为{'i': 2,'l': 1,'k': 1,'e': 1,'p': 1,'y': 1,'t': 1,'h': 1,'o': 1,'n': 1}。假设用户输入的字符串中可能包含字母以外的其他字符。

2. 以下表格内容为近三届夏季奥运会金牌榜前三名奖牌数量。请根据表格信息,利用字典知识求解以下问题。

年份	国家/地区	金牌	银牌	铜牌	奖牌总数
2016	美国	46	37	38	121
	英国	27	23	17	67
	中国	26	18	26	70

（续表）

年份	国家/地区	金牌	银牌	铜牌	奖牌总数
2021	美国	39	41	33	113
	中国	38	32	18	88
	日本	27	14	17	58
2024	美国	40	44	42	126
	中国	40	27	24	91
	日本	20	12	13	45

（1）将“年份”“国家/地区”“奖牌总数”三列信息存储为字典，并输出2024年中国的奖牌总数。

（2）将“年份”“国家/地区”“金牌”三列信息存储为字典：

① 输出金牌数均为27枚的年份及国家名称；

② 输出表中所列国家在近三届奥运会各自所得金牌总数。

3. 编写程序，完成以下功能。

（1）创建一个空字典，用于存储图书信息（包括图书名称和上架日期，上架日期用8位数表示，如20220101）。

（2）程序运行后，输出以下提示信息：

```
a. 新增图书
b. 查询图书
c. 删除图书
d. 退出程序
```

（3）根据用户的选择，进入下一步。

① 如果用户选择“新增图书”选项，则程序输出提示信息，要求用户输入图书名称和上架日期。程序对字典进行添加操作。

② 如果用户选择“查询图书”选项，则程序输出提示信息，要求用户输入图书名称，程序根据图书名称在字典中进行查询。若该书存在，则输出其对应的上架日期，否则提示该图书不存在。

③ 如果用户选择“删除图书”选项，则程序输出提示信息，要求用户输入需删除的图书名称，然后根据用户输入的图书名称在字典中进行查询。若该图书不存在，则提示“该图书不存在”；若存在，则删除该图书，然后输出提示信息“该图书已删除！”。

④ 如果用户选择“退出程序”选项，则结束程序，程序的最后输出“程序已结束”。

⑤ 如果用户选择的不是上述4个选项，则提示“输入错误”。

4. 编写程序，实现教师随机抽取5名不同学号的同学回答问题（学号范围为1~50）。

第7章 函 数

本章导读

在实际程序开发中，许多操作是完全相同或非常相似的，仅仅是要处理的数据不同而已。在 Python 中，常用设计和定义函数避免在不同的代码位置多次执行相似或完全相同的代码块造成的繁复冗余。

定义函数的目的：分而治之——把较大的任务分解成若干个较小的任务，每个模块完成一个小的任务，各模块各司其职，结构清晰；代码复用——减少重复编码工作，提高程序开发效率。本章将介绍如何在 Python 中使用函数。

学习目标

- 了解函数的种类，掌握函数的定义和调用方式。
- 掌握函数的参数和返回值。
- 掌握函数的嵌套调用。
- 理解变量作用域，掌握局部变量和全局变量的区别。
- 掌握递归函数与匿名函数的使用。
- 了解模块的导入和使用。

学习导航

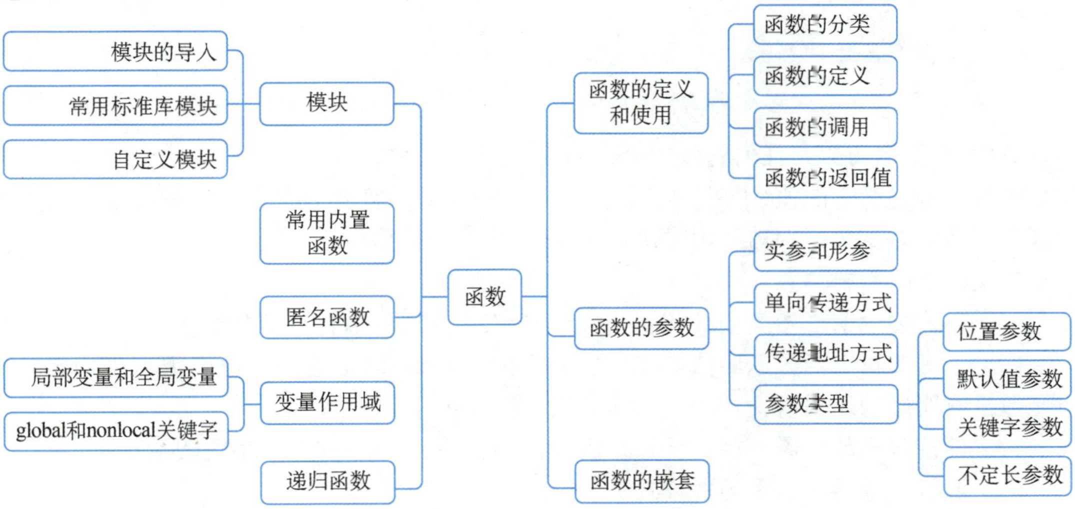

7.1 函数的定义和使用

函数是组织好的,可重复使用的,用于实现单一或相关联功能的代码段。它能够提高应用的模块化和代码的重复利用率。函数是复用代码的重要方式。把用来解决某一种或某一类问题的代码封装成函数,例如求和、最大值、排序等,然后在需要的地方调用该函数,可以在不同的程序中重复利用这些功能,使得代码更加精练,更加容易维护。

在定义函数时,需要参考和遵守以下原则:

(1) 不要在同一个函数中执行过多功能,尽量让函数只完成一个高度相关且大小合适的功能,以提高模块的内聚性。

(2) 尽量减少不同函数之间的隐式耦合,使函数之间仅通过调用和参数传递来显式体现其相互关系。

7.1.1 函数的分类

Python 中的函数主要分为以下 5 类:

(1) 内置函数:Python 解释器中自带的函数,可以直接使用。例如,input( )、print( )、int( )、float( )、len( )、max( )等。

(2) 标准库函数:Python 标准函数库包含了多个模块,用于实现各种功能。例如,math 包中的 sqrt( )、sin( ),random 包中的 random( )等。

(3) 第三方库函数:Python 是开放式语言,Python 社区提供了很多第三方的高质量库,例如 Python 图像处理库,下载安装后可像标准库函数一样使用。

(4) 自定义函数:用户根据需要定义的实现特定功能的函数。

(5) 匿名函数:也称为 lambda 表达式,是一种简化函数定义的方法,不需要定义函数、给函数命名等,使程序更加简洁。

7.1.2 函数的定义

Python 定义函数使用 def 关键字,格式如下:

```
def 函数名([形式参数列表]):
    函数体
```

其中,函数名可以是任何有效的 Python 标识符。函数名后的圆括号内的参数列表是调用该函数时传递给它的值,可以有零个、一个或多个,当传递多个参数时各参数之间由逗号分隔。函数体是函数每次被调用时执行的代码,由一行或多行语句组成。

定义函数时需要注意:

(1) 不需要说明形参类型,Python 解释器会根据实参的值自动推断形参类型。

(2) 不需要指定函数返回值类型,这由函数中 return 语句返回的值的类型来确定。如果函数没有明确的返回值,Python 默认返回空值 None。

(3) 即使该函数不需要接收任何参数,也必须保留一对空的英文半角圆括号。

(4) 函数头部括号后面的冒号必不可少。

(5) 函数体相对于 def 关键字必须保持一定的空格缩进。

在定义函数时,开头部分可以添加注释,为用户提供友情提示和使用帮助,但并不是必需的。

例 7-1 编写函数,接收一个字符串作为参数,返回一个包含 3 个整数的元组,分别表示数字、大小写字母和其他符号出现的次数。

参考代码

```
def getFrequency(s):
digits,alphabets,others=0,0,0
for ch in s:
    if '0'<=ch<='9':
      digits+=1
    elif 'a'<=ch<='z' or 'A'<=ch<='Z':
      alphabets+=1
    else:
      others+=1
    return(digits,alphabets,others)
```

7.1.3 函数的调用

函数的使用称为函数调用。定义了函数之后,想要让这些具有特定功能的代码能够执行,需要调用函数,即完成函数的调用。需要注意的是,在 Python 中,函数需要在定义后才能被调用。

函数调用的一般格式如下:

```
函数名([实际参数列表])
```

函数调用时需要注意:

(1) 实参可以是常量、变量、表达式、函数等,但在进行函数调用时必须有确定的值。

(2) 函数的实参和形参应在个数、类型和顺序上一一对应。

(3) 对于无参函数,调用时实参表列为空,但()不能省。

(4) 在 Python 中不允许前向引用,即在函数定义之前,不允许调用该函数。

例 7-2 编写程序,创建求两数平均值的函数。

参考代码

```
def test(num1,num2):
    result=num1+num2
    print('计算结果为:%d'%result)
test(321,123)  #函数的调用
```

运行结果

```
计算结果为:444
```

例 7-3 编写程序,创建函数返回列表中元素大小的倍数。

参考代码

```
def multiply(values,factor):
    for i in range(len(values)):
        values[i] *=factor
aList=[1,2,3,4,5]
multiply(aList,2)   #函数的调用
print(aList)
```

运行结果

```
[2,4,6,8,10]
```

7.1.4 函数的返回值

函数返回的值称为返回值。函数除了可以直接输出数据,还可以处理一些数据,并返回一个或一组值。在 Python 中,函数使用 return 语句返回值。return 语句用于退出函数并将程序返回到函数被调用的位置继续执行。return 语句可以同时返回零个、一个或多个结果给函数被调用处的变量。

rerurn 语句将一个结果对象返回给调用者时,返回的值可以直接使用。

示例代码

```
>>>def ave(a,b):
    return (a+b)/2
```

函数的调用根据返回值的特性可以有以下 3 种不同的方法。

(1) 函数调用后的返回值可以赋给一个变量。

示例代码

```
>>>c=ave(1,2)
>>>print(c)
1.5
```

(2) 函数调用后的返回值可以作为表达式的一部分参与运算。

示例代码

```
>>>c=ave(1,2)+0.5
>>>print(c)
2.0
```

(3) 函数调用后的返回值可以作为其他函数的参数。

示例代码

```
>>>print(ave(1,2))
```

```
1.5
```

根据函数是否有形参以及是否有返回值,可以将函数分为以下4种类型。

(1) 函数无参数,无返回值。

示例代码

```
def print_line():
    print("*" * 50)
print_line()
```

运行结果

```
**************************************************
```

(2) 函数无参数,有返回值。

示例代码

```
def f2():
    return 10
print('无参有返回值,返回值为{}'.format(f2()))
```

运行结果

```
无参有返回值,返回值为10
```

(3) 函数有参数,无返回值。

示例代码

```
def print_matrix(n):
    for i in range(1,n+1):
        print("*" * n)
print_matrix(5)
```

运行结果

```
*****
*****
*****
*****
*****
```

(4) 函数有参数,有返回值。

示例代码

```
def add2num(a,b):
    c=a+b
    return c
```

```
print(add2num(11,99))
```

运行结果

```
110
```

例 7-4 定义函数,计算并输出 10!。

参考代码

```
def calculateNum(num):
    result=1
    i=1
    while i<=num:
        result *=i
        i+=1
    return result
result=calculateNum(10)
print('1~10 的累乘积为:',result)
```

运行结果

```
1~10 的累乘积为: 3628800
```

如果函数中没有 return 语句,Python 默认该函数以 return None 结束,即返回空值。函数也可以用 return 语句返回多个值,多个值以元组类型保存。

例 7-5 定义函数,接收两个参数,返回一个包含两个整数的元组,分别表示两数的最大公约数和最小公倍数。

参考代码

```
def g(x,y):
    m,n=0,0
    for i in range(min(x,y),0,-1):
        if x% i==0 and y% i==0:
            m=i
            n=x*y/i
            break
    return m,n
a=int(input())
b=int(input())
c=g(a,b)
print('这两个数的最大公约数为% d,最小公倍数为% d'%(c[0],c[1]))
```

运行结果

```
45
55
```

```
这两个数的最大公约数为5,最小公倍数为495
```

7.2 函数的参数

7.2.1 实参和形参

微课:函数实参、形参和参数的传递方式

Python 参数可以分为两类:①调用时的参数——实参(实际参数,传参);②定义时的参数——形参(形式参数)。

实参指在函数调用时,通过函数后面的括号传递给函数,让其进行处理的值。

形参指在函数定义时,原括弧内使用逗号分隔开的形参列表,可以有零个、一个或多个。

定义函数时,若已经确定了参数的名称和位置,则表示函数的接口定义已经完成。即使函数内部的复杂逻辑被封装起来,对于函数的调用者来说,只需知道如何传递正确的参数,以及函数的返回值即可。

关于函数的参数说明:

(1) 实参可以是常量、变量和表达式,但必须在函数调用之间有确定的值。

(2) 形参与实参数量相同。

(3) 形参定义时编译系统并不为其分配存储空间,也无初值。只有在函数调用时,才临时分配存储空间,接收来自实参的值。函数调用结束后,释放内存空间。

示例代码

```
>>>def average(x,y,z):
    aver=(x+y+z)/3;
    return(aver)
>>>a,b,c=eval(input("please input a、b、c:"))
>>>ave=average(a,b,c)
>>>print("average=% f"% ave)
```

其中,x,y,z 为 average()函数的形参。形参 x,y,z 在函数定义时无初值,变量 aver 存储函数的返回值。a,b,c 是调用 average 函数时的实参。a,b,c 的参数值与形参 x,y,z 一一对应。函数调用时,接收来自实参 a,b,c 的值,函数调用结束后,释放内存空间。

Python 不限制函数的参数类型,可利用 Python 的多态灵活性定义多用途的函数,但必须保证函数内可以正常执行。

例 7-6 函数参数多态举例。

参考代码

```
>>>def fun(x,y):
    return x*y
>>>fun(2,5)
10
>>>fun(2.5,2)
```

```
5.0
>>>fun('2',5)
'22222'
>>>fun([1,2],2)
[1,2,1,2]
>>>fun([1,2],'2')
TypeError
```

Python 的函数定义非常简单,但也非常灵活。除了正常定义的必选参数外,还可以使用默认参数、可变参数和关键字参数,使函数定义的接口,不但能处理复杂的参数,还可以简化调用者的代码。

7.2.2 参数传递方式

1. 单向值传递

实参和形参之间是单向的值传递。在函数调用时,计算各实参表达式的值,并赋给形参变量。实参和形参占用不同的内存单元。因此,实参与形参必须类型相同或赋值兼容、个数相等、一一对应。在函数调用中,即使实参为变量,改变形参值也不会改变实参变量的值。

例 7-7 将函数中两个变量的值传递给 swap( ) 函数中的两个形参,并交换两个形参的值。

参考代码

```
def swap(a,b):
    a,b=b,a
    print("a=",a,"b=",b)
x,y=eval(input("input x,y:"))
swap(x,y)
print("x=",x,"y=",y)
```

运行结果

```
input x,y:5,6
a=6 b=5
x=5 y=6
```

其中,a,b 为形参;x,y 为实参。x,y 与 a,b 是一一对应的单向值传递。swap( ) 函数调用结束后,不影响原来实参 x,y 的值。

2. 传递地址方式

传递地址方式指函数调用时,将实参数据的存储地址作为参数传递给形参。

例 7-8 将函数中列表的地址传递给 swap( ) 函数中的形参列表,并实现翻转列表中的值。

参考代码

```
def swap(lst):
```

```
    lst[::]=lst[::-1]
    print("lst:",end="")
    for i in lst:
        print(i,end="")
lista=[1,3,5,6]
swap(lista)
print("\nlista:",end="")
for i in lista:
    print(i,end="")
```

运行结果

```
lst:6531
lista:6531
```

7.2.3 参数类型

微课：函数参数类型

1. 位置参数

调用函数时，若包含位置参数，则实参和形参的顺序必须严格一致，并且实参和形参的数量必须相同。

例 7-9 定义一个计算 x^2 的函数。

参考代码

```
>>>def power(x):
    return x*x
>>>power(10)
100
>>>power(100)
10000
```

在上述程序的 power(x) 函数中，参数 x 是位置参数，因此，在调用 power() 函数时，必须传入有且仅有的一个参数 x，不可传入多余的参数。

对于计算中求幂次的需求，例如，需要计算 x^3 的值，可以再定义一个 power3 函数，但是如果要计算更多次幂，例如，x^4、x^5 等，显然不可能定义无限多个函数。此时，可以将 power(x) 修改为 power(m, n)，用来计算 m^n。

例 7-10 定义函数，计算 m^n。

参考代码

```
>>>def power(m,n):
    s=1
    while n>0:
        n-=1
```

```
        s *=m
    return s
>>>power(5,2)
25
>>>power(2,5)
32
```

在上述程序中，新的 power(m,n)函数有两个参数：m 和 n。这两个参数都是位置参数，调用函数时，传入的两个值按照位置顺序依次赋给参数 m 和 n。

2. 默认值参数

在定义函数时，可以为函数的参数设置默认值，这个参数被称为默认值参数。带有默认值参数的函数定义语法格式如下：

```
def 函数名(…,形参名=默认值):
    函数体
```

在调用带有默认值参数的函数时，可以不用为设置了默认值的形参进行传值，此时函数将会直接使用函数定义时设置的默认值，也可以通过显式赋值来替换其默认值。

可以使用“函数名. _defaults_”随时查看函数所有默认值参数的当前值，其返回值为一个元组，其中的元素依次表示每个默认值参数的当前值。

例 7-11 默认值参数使用举例。

参考代码

```
def demo(newitem,old_list=[]):
    old_list.append(newitem)
    return old_list
print(demo('5',[1,2,3,4]))
print(demo('a'))
print(demo('b'))
```

运行结果

```
[1,2,3,4,'5']
['a']
['a','b']
```

由例 7-11 可以看出，默认参数可以简化函数的调用。设置默认参数时，需要注意：

(1) 必选参数在前，默认参数在后，否则 Python 解释器会报错。

(2) 当函数有多个参数时，将变化大的参数放在前面，变化小的参数放在后面。此时，变化小的参数就可以作为默认参数。使用默认参数的最大优点是能降低调用函数的难度。当需要更复杂地调用函数时，可以通过传递更多的参数来实现。但无论是简单调用还是复杂调用，只需要定义一个函数即可。

3. 关键字参数

关键字参数是指调用函数时，按参数名称传递参数值的方式。使用关键字参数允许函数调用时参数的顺序与定义时不一致,Python 解释器能够用参数名称匹配参数值。如果函数定义了命名关键字参数(即明确指定某些参数必须通过关键字形式传递),则调用时必须通过“参数名=值”的方式显式传递这些参数,从而确保参数传递的明确性和代码的可读性。

例 7-12 关键字参数使用举例。

参考代码

```
def printinfo(name,age):
    print("名字:",name)
    print("年龄:",age)
    return
printinfo(age=10,name="Bob")     #调用 printinfo 函数
```

运行结果

```
名字: Bob
年龄: 10
```

4. 不定长参数

在 Python 函数的定义中,还可以定义不定长参数,即可变参数。顾名思义,可变参数指传入的参数个数是可变的,可以是零个、一个或任意个。若希望函数能够处理比定义时更多的参数,可以在函数中使用不定长参数。基本语法格式如下:

```
def 函数名([形参列表,] *args, **kwargs):
    函数体
```

其中,*args 用于接收任意多个实参,并将其放在一个元组中。**kwargs 用于接收与关键字参数一样显式赋值形式的多个实参,并将其放入字典中。

例 7-13 不定长参数使用举例。

参考代码

```
>>>def sum(*num):
    total=0.0
    for n in num:
        total+=n
    return total
>>>print(sum(10.0,20.0,30.0))
60.0
>>>print(sum(10.0,100.0))
110.0
```

例 7-14 计算多个数的平方和。

参考代码

```
>>>def calc(*numbers):
        sum=0
```

```
        for n in numbers:
            sum=sum+n*n
        return sum
>>>calc(1,2)
5
>>>nums=[1,2,3]
>>>calc(*nums)
14
```

例 7-15 不定长参数 ** kwargs 使用举例。

参考代码

```
def show_info(**info):
    print('-'*5+'show info'+'-'*5)
    for key,value in info.items():
        print('{0}-{1}'.format(key,value))

show_info(name='Tom',age=18,sex='male')
show_info(stu_name='Tom',stu_no='1101')
```

运行结果

```
-----show info-----
name-Tom
age-18
sex-male
-----show info-----
stu_name-Tom
stu_no-1101
```

在 Python 中定义函数时,除了可变参数无法和命名关键字参数组合使用外,位置参数、默认值参数、不定长参数、关键字参数和命名关键字参数可以组合使用。需注意的是,参数定义的顺序必须是:位置参数、默认参数、不定长参数、命名关键字参数、关键字参数。

例 7-16 函数参数使用举例。

参考代码

```
>>>def p(name,age,*args,**kwargs):
    print(name)
    print(age)
    print(args)
    print(kwargs)
>>>p('Bob',25,'Male','Peking University',city='Beijing',job='Engineer')
Bob
25
('Male','Peking University')
{'city':'Beijing','job':'Engineer'}
```

7.3 函数的嵌套

微课：函数的嵌套

Python 中函数可以嵌套定义，即在一个函数（称为外函数）中定义另一个函数（称为内函数）。函数也可以嵌套调用，即在一个函数中调用另外一个函数。嵌套函数中的内函数只能在外函数内部调用，不能在外函数外部直接调用。

例如，下面的代码就是在 outerfun( ) 函数中嵌套定义了 innerfun( ) 函数。

示例代码

```
#定义外函数
def outerfun():
    #定义内函数
    def innerfun():
        print('内函数')
    print('外函数')
    innerfun()            #调用内函数
outerfun()                #调用外函数
innerfun()                #在外函数外面调用内函数,将出现语法错误
```

例 7-17 嵌套函数的定义和使用。编写程序，计算 $1^2+2^2+3^2+\cdots+10^2$ 的值。

参考代码

```
def he(x,y):
    s=0
    for i in range(x,y+1):
        def ji(n):
            return n*n
        s=s+ji(i)
    return s
print('1^2+2^2+3^2+…+10^2=%d'%(he(1,10)))
```

运行结果

```
1^2+2^2+3^2+…+10^2=385
```

例 7-18 函数的嵌套调用。编写程序计算 1！+2！+3！+…+10！的值。

解题思路

定义函数 fac( )，实现计算阶乘。定义函数 sum( )，实现求累加和。在 sum( ) 函数中嵌套调用 fac( ) 函数，实现阶乘之和的求解。函数之间的调用过程如图 7-1 所示。

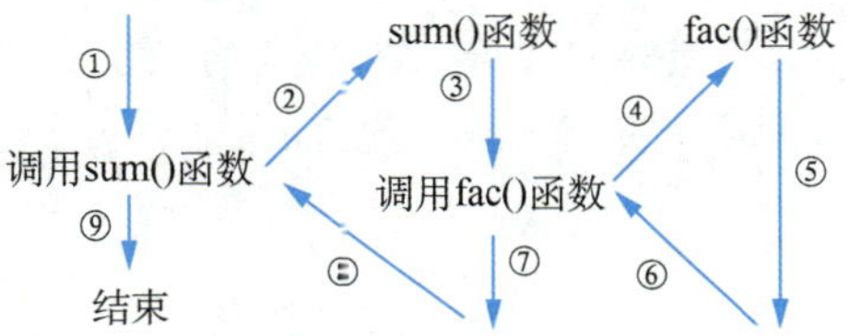

图 7-1 函数的嵌套调用过程

参考代码

```
def fac(k): #定义 fac()函数,计算阶乘
    t=1
    for i in range(1,k+1):
        t*=i
    return t    #返回阶乘结果
def sum(n): #定义 sum()函数,求累加
    sum=0
    for i in range(1,n+1):
        sum+=fac(i)    #调用 fac()函数
    return sum  #返回累加结果
print('1!+2!+3!…10!=',sum(10))  #调用 sum()函数
```

运行结果

```
1!+2!+3!…10!=4037913
```

例 7-19 编写程序,计算 2×8+3×7+4×6 的值。

参考代码

```
#定义乘积函数
def ji(m,n):
    s=m*n
    return s
#定义和函数
def he():
    s2=ji(2,8)+ji(3,7)+ji(4,6) #调用 ji 函数
    return s2
#调用
print(he())
```

运行结果

```
61
```

知识库

对程序合理划分功能模块,并基于模块设计程序是一种基本的程序设计方法,称为模块化设计。函数是构成模块的最小单元。若干相关函数可以构成一个规模稍大的模块,将这些模块组装在一起,便构成完整的程序。

7.4 递归函数

微课：递归函数

一个函数可以调用其他函数，也可以调用自身，这样的函数称为递归函数。递归常用来解决结构相似的问题。其基本思路是先将一个复杂问题转化成一个或若干个子问题，子问题的形式和结构与原问题相似，但规模小。再将这些子问题进一步分解成规模更小的子问题，直到每个子问题可以直接求解。因此，递归有以下两个基本要素：

（1）基例：确定递归何时终止，即何时终止分解子问题，也称为递归出口。

（2）递归模式：复杂问题如何分解为子问题，也称为递归体。

递归函数的一般定义形式如下：

```
def 递归函数:
    if 基例:
      return 基例结果
    else:
    return 递归体
```

Python 允许使用递归函数。如果一个函数在函数体中直接调用自身，则称为直接递归，如图 7-2 所示。如果在函数体中间接调用自身，则称为间接递归。例如，在函数 f 中调用函数 f_1，在函数 f_1 中又调用函数 f，如图 7-3 所示。

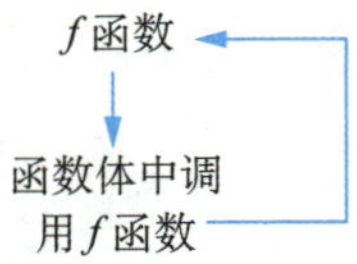

图 7-2 直接递归调用

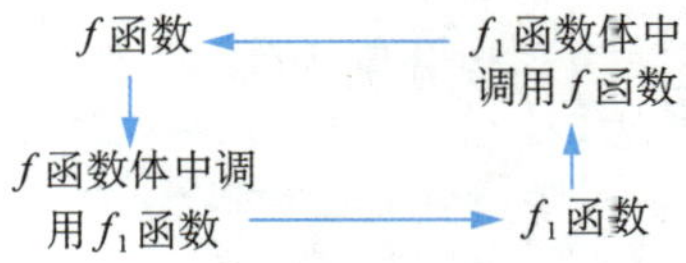

图 7-3 间接递归调用

下面，通过求 $1+2+\cdots+n$ 的和来分析递归函数的原理和使用方法。

如果用 $f(n)$ 表示 $1+2+\cdots+n$ 的和，则有

$$
\begin{aligned}
&f(n) = 1 + 2 + \cdots + n\\
&f(n-1) = 1 + 2 + \cdots + (n-1)\\
&\cdots\\
&f(2) = 1 + 2\\
&f(1) = 1
\end{aligned}
$$

$f(n)$ 也可以写为下面的形式：

$$
\begin{aligned}
&f(n) = f(n-1) + n\\
&f(n-1) = f(n-2) + (n-1)\\
&\cdots\\
&f(2) = f(1) + 2\\
&f(1) = 1
\end{aligned}
$$

那么，$f(n)$可以用如下公式表示：

$$f(n)=\begin{cases}n+f(n-1), & n>1,\\ 1, & n=1。\end{cases}$$

根据$f(n)$的公式，可以定义求和函数$f(n)$。

例 7-20 定义递归函数 1+2+⋯+*n* 的和。

参考代码

```
def f(n):
  if n==1:
   return 1
  else:
   return f(n-1)+n
print(f(100))
```

运行结果

```
5050
```

由上面的分析过程可以看出，在使用递归时，递归调用都是无休止地调用自身。因此，需要注意，递归函数必须设定明确的递归终止条件，也称为递归出口。否则会造成程序的死循环。

例 7-21 使用递归函数分别求解 3^{20} 和 2^{30} 的值，并比较二者大小。

解题思路

根据题意可知

$$m^n=\begin{cases}1, & n=0\text{ 时},\\ m\cdot m^{n-1}, & n>0。\end{cases}$$

所以有

递推归纳： $m^n\to m^{n-1}\to m^{n-2}\to\cdots\to m^2\to m^1$。

递归终止： 当 $n=0$ 时，$m^0=1$。

参考代码

```
def f(m,n):
    if n==0:
        return 1
    else:
        return m*f(m,n-1)
r1=f(3,20)
r2=f(2,30)
if r1>r2:
```

```
    print('3 的 20 次幂大于 2 的 30 次幂')
else:
    print('3 的 20 次幂小于 2 的 30 次幂')
```

运行结果

```
3 的 20 次幂大于 2 的 30 次幂
```

例 7-22 求斐波那契数列的前 20 项,输出要求每行 5 个数字。

参考代码

```
def fib(x):
    if x==1 or x==2:
        return 1
    else:
        return fib(x-1)+fib(x-2)
n=0
for i in range(1,21):
    print('{:>5}'.format(fib(i)),end='')
    n=n+1
    if n%5==0:
        print()
```

运行结果

```
    1    1    2    3    5
    8   13   21   34   55
   89  144  233  377  610
  987 1597 2584 4181 6765
```

递归函数有着普通函数难以比拟的优点,例如,递归函数的代码看起来更加简洁优雅。但是,若过多递归也会造成递归逻辑难以调试,而且递归调用效率低,也会占用大量的内存和时间。

7.5 变量作用域

不同位置定义的变量决定了此变量的访问权限和作用范围。变量的作用范围称为代码的作用域。Python 程序中使用最多的是局部变量和全局变量。

7.5.1 局部变量和全局变量

局部变量包含在 def 关键字定义的语句块中,也就是说,在函数中定义的变量是局部变量,局部变量的作用域为从函数定义到函数结束。

全局变量是在模块的函数外定义的变量。全局变量具有全局作用域。全局作用域的作用范围仅限于单个模块文件内。

局部变量只能在其声明的函数内访问。当函数被调用时,会创建一个新的局部变量。函数调用完成后,局部变量便会消失。全局变量可以在整个模块内访问。不同作用域内的同名变量是不同的变量,互不影响。

例 7-23 局部变量和全局变量的使用。

参考代码

```
s=0                    #全局变量 s
def fun(arg1,arg2):        #返回 2 个参数的和
    s=arg1*arg2      #局部变量 s
    print("函数内是局部变量:",s)      #输出局部变量 total 的值
    return s
fun(2,3)              #调用 sum 函数
print("函数外是全局变量:",s)      #输出全局变量 total 的值
```

运行结果

```
函数内是局部变量:6
函数外是全局变量:0
```

7.5.2 global 和 nonlocal 关键字

如果使用变量时,需要修改变量作用域,可以使用 global 或 nonlocal 关键字。

例 7-24 使用关键字 global 修改变量作用域。

参考代码

```
n=1
def fun():
    global n             #使用 global 关键字声明变量为全局变量
    n+=1
    print('函数内 n 的值为',n)
fun()
print('函数外 n 的值为',n)
```

运行结果

```
函数内 n 的值为 2
函数外 n 的值为 2
```

在上述程序中,如果去除语句“global n”,则在执行 print('函数内 n 的值为',n)时会提示变量 n 没有被定义。

思考并分析以下程序段的运行结果:

```
def fun(x,y):
    global b
    b=3
```

```
    c=a+b
    return c
a=1
b=2
c=fun(a,b)
print(a,b,c)
```

该程序段的运行结果应为 a 的值是 1,b 的值是 3,c 的值是 4。这是因为“global b”语句声明 b 为全局变量,所以函数外,b 的值仍为 3。c=a+b,即 1+3,c 即为函数调用的返回值。

如果需要在嵌套函数中修改变量的作用域,可以使用 nonlocal 关键字。nonlocal 声明的变量不是局部变量或全局变量,而是外部嵌套函数中的变量。nonlocal 定义后的变量只会在调用的子函数中发挥作用。

例 7-25 使用关键字 nonlocal 修改变量作用域。

参考代码

```
def outer():
    num=1
    def inner():
        nonlocal num            #nonlocal 关键字声明
        num=2
        print('inner 函数中 num 的值为',num)
    inner()
    print('outer 函数中 num 的值为',num)
outer()
```

运行结果

```
inner 函数中 num 的值为 2
outer 函数中 num 的值为 2
```

思考并分析以下程序段的运行结果:

```
def outer():
    a=1
    def inner():
        nonlocal a
        a=2
    print(a)
outer()
```

该程序段的输出结果应为 1。这是因为其使用了 nonlocal 关键字,所以在嵌套函数中修改变量 a 的作用域。

7.6 匿名函数

微课：匿名函数

匿名函数也称 lambda 函数，是没有函数名的简单函数，只包含一个表达式，该表达式的结果就是函数的返回值。Python 中用关键字 lambda 定义匿名函数。

创建匿名函数的基本语法格式如下：

```
Lambda[参数列表]:表达式
```

例 7-26 匿名函数的创建和使用。

参考代码

```
>>>sum=lambda x,y: x+y
>>>sum(3,4)
7
>>>f=lambda x,n:x ** n
>>>f(3,4)
81
>>>f1=lambda x,y:x * y
>>>f1(8,9)
72
>>>func=lambda a,b=3,c=2: b ** 2-4 * a * c
>>>func(1)
1
>>>func(1,4)
8
>>>list1=[1,2,3]
>>>list2=[4,5,6]
>>>sum=lambda x,y: x+y
>>>sum(list1,list2)
[1,2,3,4,5,6]
>>>list(map(lambda x,y: x + y,list1,list2))
[5,7,9]
>>>L=[(lambda x: x ** 2),(lambda x: x ** 3),(lambda x: x ** 4)]
>>>print(L[0](2),L[1](2),L[2](2))
4 8 16
>>>def demo(n):
        return n * n
>>>demo(5)
25
>>>a_list=[1,2,3,4,5]
>>>list(map(lambda x:demo(x),a_list))   #在 lambda 表达式中调用函数
[1,4,9,16,25]
```

例 7-27 给定多名学生信息(包括学号、姓名和成绩)，按成绩排序后输出。

参考代码

```
stu=[
    {'num':'201801','name':'Wangwu','score':89},
    {'num':'201802','name':'Liujun','score':95},
    {'num':'201803','name':'Limeng','score':85}]          #定义学生信息
stu.sort(key=lambda x:x['score'])          #按成绩排序
for s in stu:
    print('学号:',s['num'],'姓名:',s['name'],'成绩:',s['score']) #输出列表
```

运行结果

```
学号: 201803 姓名: Limeng 成绩: 85
学号: 201801 姓名: Wangwu 成绩: 89
学号: 201802 姓名: Liujun 成绩: 95
```

7.7 常用内置函数

内置函数是 Python 内置对象类型之一，不需要额外导入任何模块即可直接使用。这些内置对象都封装在内置模块“_builtins_”之中，具有非常快的运行速度，推荐优先使用。

7.7.1 dir( )函数

使用内置函数 dir( ) 可以查看所有内置函数和内置对象，代码如下，输出结果如图 7-4 所示。

```
>>>dir(_builtins_)
```

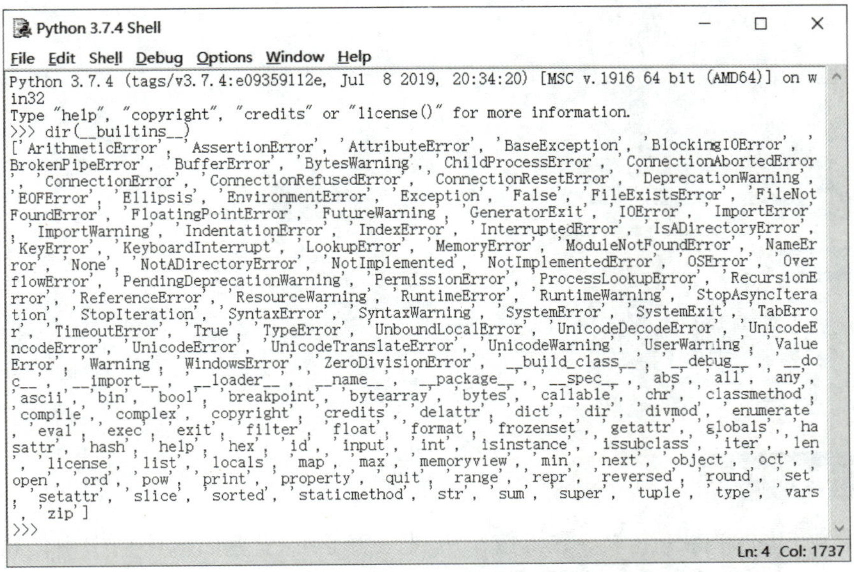

图 7-4 查看内置函数和内置对象

7.7.2 map( )函数

内置函数 map( )把一个函数依次映射到序列或迭代器对象的每个元素上,并返回一个可迭代的 map 对象作为结果,map 对象中每个元素是原序列中元素经过函数处理后的结果。

示例代码

```
>>>list(map(int,'246'))#把数字字符串转换成数字列表
[2,4,6]
>>>list(map(str,range(5)))#把列表中元素转换为字符串
['0','1','2','3','4']
>>>def add5(n):  #单参数函数
    return n+5

>>>list(map(add5,range(10)))#把单参数函数映射到一个序列的所有元素
[5,6,7,8,9,10,11,12,13,14]
>>>def add(x,y):#可以接收 2 个参数的函数
    return x+y

>>>list(map(add,range(5),range(10,15)))#把双参数函数映射到两个序列上
[10,12,14,16,18]
```

例 7-28 输入一个三位自然数,计算并输出其各个数位上的数字及所有数字之和。

参考代码

```
x=input('请输入一个三位数:')
a,b,c=map(int,x)
print('百、十、个位数字分别是:',a,b,c)
def sum(*num):
    total=0
    for n in num:
        total+=n
    return total
print('各数字之和:',sum(a,b,c))
```

运行结果

```
请输入一个三位数:123
百、十、个位数字分别是: 1 2 3
各数字之和: 6
```

7.7.3 filter( )函数

内置函数 filter( )将一个单参数函数作用到一个序列上,返回该序列中由使得该函数返回值为 True 的元素组成的 filter 对象。如果指定函数为 None,则返回序列中等价于 True 的

元素。

例 7-29 按要求返回列表中的元素。

参考代码

```
seq=['abcd','1234','.,?!','']
print(list(filter(str.isdigit,seq)))    #只保留数字字符串
print(list(filter(str.isalpha,seq)))    #只保留英文字母字符串
print(list(filter(str.isalnum,seq)))    #只保留数字字符串和英文字符串
```

运行结果

```
['1234']
['abcd']
['abcd','1234']
```

7.7.4 zip( )函数

内置函数 zip( )用于将多个可迭代对象中的元素“压缩”到一起,并返回一个可迭代的 zip 对象。这个对象中的每个元素都是一个元组,元组中的每个元素值分别来自原始可迭代对象的对应位置,就像拉拉链一样,将多个序列的元素一一配对。

例 7-30 zip( )函数应用举例。

参考代码

```
data=zip('abcdef',[1,2,3,4,5,6])
print(data)
#zip 对象是可迭代的,可以使用 for 循环逐个遍历和访问其中的元素
for item in data:
    print(item)
info=dict(zip(['num','name','sex'],['202201','Zhangyi','male']))
for key,value in info.items():
    print(key,value)
```

运行结果

```
<zip object at 0x0000023E218287C8>
('a',1)
('b',2)
('c',3)
('d',4)
('e',5)
('f',6)
num 202201
name Zhangyi
sex male
```

7.7.5 reduce( )函数

标准库 functools 中的 reduce( ) 函数可以将一个接收 2 个参数的函数以迭代累积的方式,从左到右依次作用于一个序列或迭代器对象的所有元素上,并且允许指定一个初始值。

例 7-31 实现一个数字序列的累加。

参考代码

```
from functools import reduce
seq=range(1,10)
def add(x,y):
    return x+y
print(reduce(add,seq))
```

运行结果

```
45
```

7.8 模块

前一小节介绍过函数是完成特定功能的一段程序,是可复用程序的最小组成单位。模块是在函数的基础上,将一系列相关代码组织到一起的集合体。在 Python 中,一个模块就是一个扩展名为 . py 的源程序文件。

7.8.1 模块的导入

(1) 导入整个模块。基本语法格式如下:

```
import 模块名 [as 别名]
```

使用这种方式导入模块后,在调用模块中的函数时,需要在函数名前加上模块名作为前缀。

(2) 导入某个模块中的函数。基本语法格式如下:

```
from 模块名 import 函数名 1,函数名 2….
```

使用这种方式调用函数时,不需要使用模块名作为前缀,直接使用函数名即可。

(3) 导入某个模块中的所有函数。基本语法格式如下:

```
from 模块名 import *
```

使用星号“*”可以导入模块中的所有内容(包括函数和变量等)。

7.8.2 常用标准库模块

1. math 模块

math 模块提供了许多对浮点数的数学运算函数。math 模块中的常用数学常数见表 7-1。math 模块中的常用函数见表 7-2。

表 7-1 math 模块中的常用数学常数

数学常数	描述
math. pi	圆周率,值为 3. 141592653589793
math. e	自然对数,值为 2. 718281828459045
math. inf	正无穷大,负无穷大为-math. inf
math. nan	非浮点数标记,NaN (Not a Number)

表 7-2 math 模块中的常用函数

函数	含义(针对数值)
abs(x)	数值的绝对值
sqrt(x)	数值的平方根
log(x)	数值的对数
exp(x)	数值的指数
round(x,n)	有效位数 n
sin(x),cos(x),...	三角函数

例 7-32 计算表达式 $\sin\frac{\pi}{2}+\frac{e^2+\log(10)}{\sqrt{12}}$ 的值。

参考代码

```
import math
a=math.sin(math.pi/2)          #计算 sin π/2
b=math.exp(2)                  #计算 e^2
c=math.log(10)                 #计算 log(10).
d=math.sqrt(12)                #计算 √12
sum=a+(b+c)/d                  #计算整个表达式的值
print("sum=%8.6f"% sum)
```

运行结果

```
sum=3.797736
```

2. random 模块

Python 中的 random 模块用于生成随机数，random 模块中的常用函数见表 7-3。

表 7-3　random 模块中的常用函数

函数	含义
randint(a,b)	返回一个 a<=N<=b 的随机整数
randrange([start,]stop[,step])	从指定范围 start~stop 内，按指定步长 step 递增的集合中，获取一个随机整数
seed(a)	初始化为随机数生成器
choice(seq)	从非空序列 seq 中随机选取一个元素。如果 seq 为空则弹出"IndexError"异常
random()	返回一个介于左闭右开区间[0.0,1.0)的浮点数
uniform(a,b)	返回一个介于 a 和 b 之间的浮点数。如果 a>b，则该数为 b 到 a 之间的浮点数。这里的 a 和 b 都有可能出现在结果中

例 7-33　random 模块使用示例。

参考代码

```
import random
print(random.randint(3,10))
print(random.randrange(1,10,2))

from random import *
n=int(input('请输入 n 的值(1~10):'))
m=int(input('请输入 m 的值:'))
count=1
seed(m)
b=randint(1,10)
while True:
    if(b==n):
        break
    count+=1
    b=randint(1,10)
print('{} times to got it'.format(count))
```

运行结果

```
7
3
请输入 n 的值(1~10):5
请输入 m 的值:7
36 times to got it
```

3. turtle 模块

turtle 模块是 Python 语言中一个很流行的绘制图像的函数库。想象一只小乌龟，一个横轴为 x、纵轴为 y 的坐标系中，从原点位置(0,0)开始，根据一组函数指令的控制移动，从而可根据其爬行路径绘制图形。turtle 模块中的常用函数见表 7-4。

表 7-4 turtle 模块中的常用函数

函数	含义
turtle. circle(r)	画圆，若半径 r 为正(负)，则表示圆心在画笔的左边(右边)画圆
turtle. circle(r,steps=[3,4,5…])	指定半径 r 与边数 steps，画以 r 为半径的内接正多边形
setheading(angle)	设置当前朝向为 angle 角度
turtle. fillcolor(colorstring)	绘制图形的填充颜色
turtle. color(color1,color2)	同时设置 pencolor=color1,fillcolor=color2
turtle. begin_fill()	准备开始填充图形
turtle. end_fill()	填充完成
turtle. clear()	清空 turtle 窗口，但是 turtle 的位置和状态保持不变
turtle. reset()	清空窗口，重置 turtle 状态为起始状态
turtle. speed()	设置画笔移动速度，画笔绘制的速度范围为[0,10]之间的整数，数字越大，绘制速度越快
turtle. mainloop()或 turtle. done()	启动事件循环，必须是 turtle 图形程序中的最后一个语句

例 7-34 使用 turtle 模块绘制圆形。

参考代码

```
import turtle
turtle.pensize(5)
turtle.color('green')
turtle.pencolor('red')
turtle.begin_fill()
turtle.circle(100)
turtle.end_fill()
```

运行结果

4. time 模块

time 模块的函数分为 3 类:时间获取、时间格式化、程序计时。

Python 中表示时间的方法包括:

(1) 时间戳,即从 1970 年 1 月 1 日 00:00:00 起到现在的秒数。

(2) 格式化后的时间字符串。

(3) 时间 struct_time 元组。其中的元素主要有:

① tm_year:年。

② tm_mon:月。

③ tm_mday:日。

④ tm_hour:时。

⑤ tm_min:分。

⑥ tm_sec:秒。

⑦ tm_wday:星期几,范围是 0~6,0 表示周日。

⑧ tm_yday:一年中的第几天,范围是 1~366。

⑨ tm_isdst:是否为夏令时。

time 模块中的常用函数见表 7-5。

表 7-5　time 模块常用函数

函数	含义
time. time( )	获取当前时间戳,1970 纪元后经过的浮点秒数
time. ctime( )	获取当前时间,返回字符串
time. gmtime( )	返回指定时间戳对应的 utc 时间的 struct_time 对象格式
timc. localtime( )	返回以指定时间戳对应的本地时间的 struct_time 对象
time. mktime(t)	返回用秒数来表示时间的浮点数
time. sleep(s)	暂停给定秒数后执行程序

与时间相关的模块还有 datatime 模块和 calendar 模块,读者可自行查阅函数手册进行学习了解。

例 7-35　time 模块使用示例。

参考代码

```
#获取当前时间,格式化输出当前的时间,暂停两秒再获取当前时间
#最后格式化当前时间输出
import time
t=time.time()
print('now time is:{}'.format(t))
m=time.localtime(t)
print('now time is:{}'.format(m))
time.sleep(2)
t=time.time()
```

```
n=time.localtime(t)
print('now time is:{}'.format(n))

import datetime
print(datetime.datetime.today())
```

运行结果

```
now time is:1686495034.862922
now time is:time.struct_time(tm_year=2023,tm_mon=6,tm_mday=11,tm_hour=22,tm_min=
50,tm_sec=34,tm_wday=6,tm_yday=162,tm_isdst=0)
now time is:time.struct_time(tm_year=2023,tm_mon=6,tm_mday=11,tm_hour=22,tm_min=
50,tm_sec=36,tm_wday=6,tm_yday=162,tm_isdst=0)
2023-06-11 22:50:36.877815
```

例 7-36 计算并输出今天是今年的第几天,第几周的星期几。

参考代码

```
import datetime,time
struct_time=time.gmtime(time.time())
year_week_day=datetime.datetime.now().isocalendar()
week_day_dict = {0:'momday',1:'Tuesday',2:'Wednesday',3:'Thursday',4:'Friday',5:
'Saturday',6:'Sunday'}
print('今天是今年的第',(struct_time.tm_yday),'天,第',year_week_day[1],'周的',(week_day_
dict[struct_time.tm_wday]))
```

运行结果

```
今天是今年的第 162 天,第 23 周的 Sunday
```

7.8.3 自定义模块

每个 Python 文件都可以作为一个模块,模块的名字就是文件名。

自定义模块指用户自己编写的模块,如需要经常调用用户自定义的函数时,就可以自定义一个模块,将常用函数、类、变量等写入模块。若要使用其他模块,使用 import 语句导入该模块即可。

例 7-37 现有一个文件“test. py”,其中定义了函数 multiples(),该函数的功能是创建一个数字的倍数列表,即以两个数字(值、长度)作为参数,并返回一个值的倍数列表,直到列表的大小达到要求长度。编写程序,通过调用上述 test 模块中的 multiply()函数,计算多数之积。

参考代码

```
#test.py
def multiples(value,length):
```

```
    return[ value * i for i in range(1,length+1)]
#main.py
import test
a,b=eval(input('输入一个值和长度:'))
c=test.multiples(a,b)
print(c)
```

运行结果

```
输入一个值和长度:5,10
[5,10,15,20,25,30,35,40,45,50]
```

为了组织好模块,通常会将多个模块放在一个目录中。Python 模块文件所在的目录称为包(package),且该目录下存在“_init_. py”文件(文件内容可以为空)。包是多个模块的聚合体形成的文件夹,里面可以是多个“. py”文件,也可以嵌套文件夹。可以将包看作文件系统中的目录,并将模块看作目录中的文件。包通过层次结构进行组织,在包之内除了一般的模块,还可以有子包。例如:

```
package_1

 |-- _init_.py
 |-- module_1.py
```

```
calculate

 |-- _init_.py

 |-- addn.py
```

如果 main. py 想要引用 package_1 中的模块 module_1,可以使用下列语句实现:

```
from package_1 import module_1
import package_1.module_1
```

例 7-38 包和模块的使用。

(1) 在包 calculate 中创建模块 addn,定义计算多个数值和的函数 addnum()。

(2) 在包 calculate 中创建模块 multi,定义计算多个数值积的函数 multiply()。

(3) 创建一个 Python 文件 cal_test. py。

(4) 在 cal_test. py 文件中,导入 addn 和 multi 模块,调用 addnum() 和 multiply()函数并打印结果。

微课:例 7-38 解析

参考代码

```
#addn.py
def addnum( * p):
```

```
    s=0
    for i in p:
        s+=i
    return s
#multi.py
def multiply(*p):
    cj=1
    for i in p:
        cj*=i
return cj
#cal_test.py
from calculate import addn
from calculate import multi

print(addn.addnum(3,4))
print(multi.multiply(3,4))
print(addn.addnum(3,4)+multi.multiply(3,4))

print(addn.addnum(3,4,8,9))
print(multi.multiply(3,4,8,9))
```

运行结果

```
7
12
19
24
864
```

7.9 综合案例

7.9.1 判断回文数

例 7-39 “回文句”是指正读反读都能读通的句子,它是古今中外都有的一种修辞方式和文字游戏,如“我为人人,人人为我”等。在数学中,将具有回文特征的数字称为回文数(palindrome number)。设 n 是一任意自然数。若将 n 的各位数字反向排列所得自然数 n_1 与 n 相等,则称 n 为回文数。例如,若 $n=1234321$,则称 n 为回文数;但若 $n=1234567$,则 n 不是回文数。定义函数,判断输入的数据是否为回文数。

解题思路

对输入的整数进行正向和反向相等性判断。

参考代码

```
def is_palindrome(n):
    n=str(n)
    m=n[::-1]
    return n==m
a=int(input('请输入需要判断的整数:'))
result=is_palindrome(a)
print(result)
```

运行结果

```
请输入需要判断的整数:1234321
True
请输入需要判断的整数:123123
False
```

7.9.2 求最大公约数

微课:
例 7-40 解析

例 7-40 求两个正整数的最大公约数。

方法一:创建非递归函数求最大公约数。

解题思路

非递归函数使用穷举法实现。

(1) 比较 m 和 n,取较小的数作为 smaller。

(2) 以 smaller 为被除数,分别和输入的两个数 m 和 n 做除法运算。

(3) 被除数每做一次除法运算,值减少 1,直到两个运算的余数都为 0,该被除数则为这两个数的最大公约数。

参考代码

```
def gys(m,n):
    if m > n:
        smaller=n
    else:
        smaller=m
    for i in range(smaller,1,-1):
        if (m%i ==0) and (n%i ==0):
            gys=i
            break
    return gys

num1=int(input("请输入第一个整数:"))
num2=int(input("请输入第二个整数:"))
print(num1,"和",num2,"的最大公约数为",gys(num1,num2))
```

方法二:创建递归函数求最大公约数。

解题思路

递归函数采用辗转相除法实现。

(1) 取两个数中较大的数作除数,较小的数作被除数。

(2) 用较大的数除较小的数,如果余数为0,则较小数为这两个数的最大公约数;如果余数不为0,则用较小数除上一步计算出的余数。

(3) 重复上述步骤,直到余数为0,则这两个数的最大公约数为上一步的余数。

参考代码

```
#定义递归函数。
def gys(a,b):
    if a>b:
        a,b=b,a
    if b%a==0:
        return a
    else:
        return gys(a,b%a)
num1=int(input("请输入第一个整数:"))
num2=int(input("请输入第二个整数:"))
print(num1,"和",num2,"的最大公约数为",gys(num1,num2))
```

运行结果

```
请输入第一个整数: 4
请输入第二个整数: 6
4 和 6 的最大公约数为 2
```

思考:分别用递归函数和非递归函数方法求解两个整数的最大公倍数又该如何实现呢?

7.9.3 回文素数

例 7-41 输出前100个回文素数。

回文素数是指一个数既是素数又是回文数。素数是只能被1和自身整除的数。回文数是指一个数字从左边读和从右边读的结果相同,例如121。121既是素数也是回文数,因此,它是回文素数。

解题思路

(1) 从数字"2"开始向后遍历每一个数,判断是否为回文素数并计数和输出,若计数到100个,则结束输出。

(2) "判断是否为回文素数"可以分解为两个子问题:判断是否为素数;判断是否为回文数。可分别封装为一个功能函数。

(3) 两个函数均接收一个整数参数,并返回True或者False。

参考代码

```
#判断是否为素数
def isPrime(i):
    for j in range(2,i//2+1):
        if i% j ==0:
          return False
        return True
#判断是否为回文数
def isPalindrome(i):
    if str(i)==str(i)[::-1] and i>=11:
        return True
#主程序
count =1
i=2
while count<=100:
    if isPrime(i) and isPalindrome(i):
        print(i,end='\t')  #制表位对齐
        if count% 10 ==0:        #每行打印 10 个
          print()
        count+=1
    i+=1
```

运行结果

```
 11  33  55  77  99 101 111 121 131 141
151 161 171 181 191 303 313 323 333 343
353 363 373 383 393 505 515 525 535 545
555 565 575 585 595 707 717 727 737 747
757 767 777 787 797 909 919 929 939 949
959 969 979 989 999 1001  1111    1221    1331    1441
1551    1661    1771    1881    1991    3003    3113    3223    3333    3443
3553    3663    3773    3883    3993    5005    5115    5225    5335    5445
5555    5665    5775    5885    5995    7007    7117    7227    7337    7447
7557    7667    7777    7887    7997    9009    9119    9229    9339    9449
```

7.9.4 汉诺塔问题

例 7-42 使用递归函数解决汉诺塔问题。

古代有一个梵塔,塔内有 A、B、C 三个底座。A 座上有 64 个盘子,盘子大小不等,大的在下,小的在上。有一个和尚想把这 64 个盘子从 A 座移到 C 座,但每次只能允许移动一个盘子,在移动盘子的过程中可以利用 B 座,但要求任何时刻 3 个座上的盘子都必须始终保持大盘在下、小盘在上的顺序。如果只有一个盘子,则不需要利用 B 座,直接将盘子从 A 移动到 C 即可。这个问题称为汉诺塔问题,如图 7-5 所示。

这实际上是一个巨大的工程。根据数学知识我们可以知道,移动 n 个盘子需要 2^n-1

步,64 个盘子需要 18 446 744 073 709 551 615 步。如何通过编程理解这项任务的详细移动步骤和顺序呢?

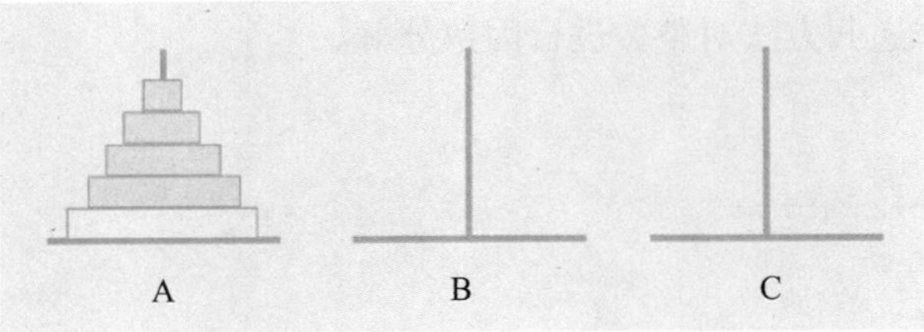

图 7-5　汉诺塔问题

参考代码

```
def hanoi(num,src,dst,temp=None):
    #声明用来记录移动次数的变量为全局变量
    global times
    #确认参数类型和范围
    assert type(num)==int,'num must be integer'
    assert num>0,'num must>0'
    #只剩最后一个或只有一个盘子需要移动,这也是函数递归调用的结束条件
    if num==1:
        print('The {0} Times move:{1} ==>{2}'.format(times,src,dst))
        times+=1
    else:
        #递归调用函数自身,
        #先把除最后一个盘子之外的所有盘子移动到临时底座上
        hanoi(num-1,src,temp,dst)
        #把最后一个盘子直接移动到目标底座上
        hanoi(1,src,dst)
        #把除最后一个盘子之外的其他盘子从临时底座上移动到目标底座上
        hanoi(num-1,temp,dst,src)
#用来记录移动次数的变量
times=1
#A 表示最初放置盘子的底座,C 是目标底座,B 是临时底座
hanoi(3,'A','C','B')
```

运行结果

```
The 1 Times move:A==>C
The 2 Times move:A==>B
The 3 Times move:C==>B
The 4 Times move:A==>C
The 5 Times move:B==>A
The 6 Times move:B==>C
The 7 Times move:A==>C
```

7.9.5 因数分解

例 7-43 使用非递归方法对整数进行因数分解。

参考代码

```
from random import randint
from math import sqrt

def factoring(n):
    '''对大数进行因数分解'''
    if not isinstance(n,int):
        print('You must give me an integer')
        return
    #开始分解,把所有因数都添加到 result 列表中
    result=[]
    for p in primes:
        while n!=1:
            if n% p==0:
                n=n/p
                result.append(p)
            else:
                break
        else:
            result=map(str,result)
            result='*'.join(result)
            return result
    #考虑参数本身就是素数的情况
    if not result:
        return n

testData=[randint(10,1000) for i in range(10)]
#随机数中的最大数
maxData=max(testData)
#小于 maxData 的所有素数
primes=[ p for p in range(2,maxData) if 0 not in
       [ p%d for d in range(2,int(sqrt(p))+1)] ]

for data in testData:
    r=factoring(data)
    print(data,'=',r)
```

运行结果

```
361=19*19
106=2*53
```

```
146=2*73
495=3*3*5*11
45=3*3*5
85=5*17
146=2*73
603=3*3*67
994=2*7*71
16=2*2*2*2
```

本章总结

本章主要介绍了函数,包括函数的定义调用、函数的参数、函数的返回值、函数的嵌套、递归函数、匿名函数、日期时间函数和随机数函数以及与序列相关的常用内置函数;模块导入的方法,常用标准库模块的使用以及自定义模块的使用。函数作为关联功能的代码段,可以很好地提高应用的模块性。熟练掌握函数的运用,并学会查询相关的函数手册,对于提高编程效率和代码质量具有重要意义。

利用函数思想解决实际问题时,其本质是将问题划分。各部分实现分工协作,实现模块化程序设计。这要求开发者具备大局观,正如全国各民族在中国共产党的领导下,共同为实现共产主义目标而团结协作,携手走向共同富裕。

课后习题

一、选择题(部分为多选题)

1. Python 中定义函数的关键字是(　　)。

A. define　　B. def　　C. return　　D. extern

2. 定义函数时,函数名后面的一对小括号中给出的参数称为(　　)。

A. 实参　　B. 形参

C. 类型参数　　D. 名字参数

3. 调用函数时,函数名后面的一对小括号中给出的参数称为(　　)。

A. 实参　　B. 形参

C. 类型参数　　D. 名字参数

4. 下面程序的输出结果是(　　)。

```
def StudentInfo(country='中国',name):
    print('%s,%s'%(name,country))
StudentInfo('美国','大卫')
```

A. 大卫,美国　　B. 美国,大卫

C. 大卫,中国　　D. 报错

5. 不定长的位置参数在传递给函数时会被封装成(　　)。

A. 元组　　B. 列表　　C. 集合　　D. 字典

6. 已知函数调用 Fun(**a),则 a 可能是(　　)。

A. 元组　　B. 列表　　C. 集合　　D. 字典

7. 将一个函数的运算结果返回到函数调用的地方,应使用(　　)。

A. print　　B. return　　C. break　　D. continue

8. [多选]下面哪些是正确的 Python 标准库对象导入语句?(　　)

A. import math. sin as sin　　B. from math import sin

C. import math. *　　D. from math import *

9. 已知 M 模块中有一个无参函数 fun,且在脚本文件 N. py 中有"from M import fun",则在 N. py 中调用 M 模块中 fun 函数的方式为(　　)。

A. fun()　　B. N. fun()　　C. M. fun()　　D. N. M. fun()

10. 一个函数中定义的变量是(　　)。

A. 局部变量　　B. 全局变量　　C. 静态变量　　D. 函数变量

11. 所有函数之外定义的变量是(　　)。

A. 局部变量　　B. 全局变量　　C. 静态变量　　D. 文件变量

12. 内层函数使用外层函数中定义的变量,应使用(　　)关键字。

A. local　　B. nonlocal　　C. global　　D. nonglobal

13. 递归函数是指(　　)。

A. 在一个函数内部通过调用自己完成问题的求解

B. 在一个函数内部通过不断调用其他函数完成问题的求解

C. 一个函数不断被其他函数调用完成问题的求解

D. 将函数作为参数的一种函数

14. Python 标准库 math 中用来计算平方根的函数是(　　)。

A. abs()　　B. sin()　　C. sqrt()　　D. exp()

15. python 中使用(　　)关键字定义匿名函数。

A. def　　B. while　　C. lambda　　D. return

16. 下面关于递归函数说法正确的是(　　)。

A. 递归函数的执行效率优于非递归函数

B. 递归出口和递归关系是递归函数编写的关键

C. 递归函数的嵌套调用次数没有限制

D. 在能够使用递归函数的时候,尽量使用递归,因为它可以使得程序变得简洁,易于理解。

17. 下列递归函数的功能是(　　)。

```
def convert(n):
    if n==0 or n==1:
        return n
    else:
        return convert(n/2) * 10+n%2
```

A. 求 0 到 n 的偶数和　　B. 将 n 转换为二进制数

C. 求 0 到 n 的奇数和　　D. 将 n 转换为二进制数,然后再求逆序

二、判断题

1. 在 Python 中定义函数时不需要声明函数参数的类型。(　　)

2. 在函数内部,既可以使用 global 来声明使用外部全局变量,也可以使用 global 直接定义全局变量。(　　)

3. 在函数内部直接修改形参的值并不影响外部实参的值。(　　)

4. 调用带有默认值参数的函数时，不能为默认值参数传递任何值，必须使用函数定义时设置的默认值。 (　)

5. 在函数内部没有任何声明的情况下直接为某个变量赋值，这个变量一定是函数内部的局部变量。 (　)

6. 在定义函数时，某个参数名字前面带有一个“*”表示可变长度参数，可以接收任意多个普通实参并存放于一个元组之中。 (　)

7. 在定义函数时，某个参数名字前面带有两个“*”表示可变长度参数，可以接收任意多个关键参数并将其存放于一个字典之中。 (　)

8. 定义函数时，带有默认值的参数必须出现在参数列表的最右端，任何一个带有默认值的参数右边不允许出现没有默认值的参数。 (　)

9. 在调用函数时，可以通过关键参数的形式进行传值，不必记住函数形参顺序。 (　)

10. lambda 表达式中可以使用任意复杂的表达式，但是只能编写一个表达式。 (　)

三、填空题

1. 已知 g=lambda x, y=3, z=5: x*y*z，则语句 print(g(1)) 的输出结果为________。

2. 下面代码的运行结果为________。

```
def demo():
    x=5
x=3
demo()
print(x)
```

3. 下面代码的运行结果为________。

```
def Sum(a,b=3,c=5):
    return sum([a,b,c])
print(Sum(a=8,c=2))
print(Sum(8))
print(Sum(8,2))
```

4. 下面代码的运行结果为________。

```
def Sum(*p):
    return sum(p)
print(Sum(3,5,8))
print(Sum(8))
print(Sum(8,2,10))
```

5. 下面代码的运行结果为________。

```
def demo(a,b,c=3,d=100):
    return sum((a,b,c,d))
print(demo(1,2,3,4))
print(demo(1,2,d=3))
```

6. 下面代码的运行结果为________。

```
def demo(lst,k):
    if k<len(lst):
        return lst[k:]+lst[:k]
lst=[1,2,3,4,5,6,7]
k=3
print(demo(lst,k))
```

四、编程题

1. 使用函数递归的方法计算自然数各位数字之和。

2. 使用函数递归的方法计算斐波那契数列前 20 项之和。

3. 细菌繁殖问题:培养皿中某种细菌每小时数量翻倍,若初始细菌数量为 5,计算 24 小时后的细菌数量。(要求使用递归函数完成)

4. 古希腊数学家毕达哥拉斯在自然数研究中发现,220 的所有真约数(即不是自身的约数)之和为:1+2+4+5+10+11+20+22+44+55+110=284。而 284 的所有真约数为 1、2、4、71、142,加起来恰好为 220。如果有两个整数,其中一个数的所有真约数的和都恰好等于另一个数,那么这两个数就构成一对“亲和数”。编写程序,判断给定的两个数是否是亲和数。

5. 一只猴子一天摘了若干个桃子。第一天,猴子吃了一半多 1 个;第二天,猴子吃了剩下的一半多 1 个;以后每天都吃剩下的一半多 1 个。在第五天早上要吃时,发现只剩下 1 个桃子了。使用递归函数求解猴子最初摘了多少个桃子。

6. 使用函数,完成学生信息管理系统的设计与编写。

第 8 章 文件和数据格式化

本章导读

在前面的章节中，程序中使用的输入数据一般为用户直接从键盘输入的数据，程序运行结果也通常是直接打印输出。但当数据量很大时，用户可能遇到需要多次重复输入或者运行结果无法保存等问题。文件操作可以很好地解决这类问题。将数据保存到文件中，程序需要数据时可从文件中读取数据，程序运行完成后也可以将运行结果保存到文件中，保存运行结果的文件可以实现长期保存。本章将介绍文件的打开、关闭、读写等操作，os 模块操作文件和目录，一维、二维数据处理方法，数据集的读写等方法，并通过典型案例，让读者熟练掌握文件在程序设计中的应用。

学习目标

- 了解文件的概念及分类。
- 掌握文件操作基本知识。
- 熟悉掌握内置函数 open( ) 的用法。
- 熟悉掌握关键字 with 的用法。
- 掌握 os 和 os. path 模块对文件和文件夹操作的函数。
- 掌握一维数据、二维数据的处理方法。

学习导航

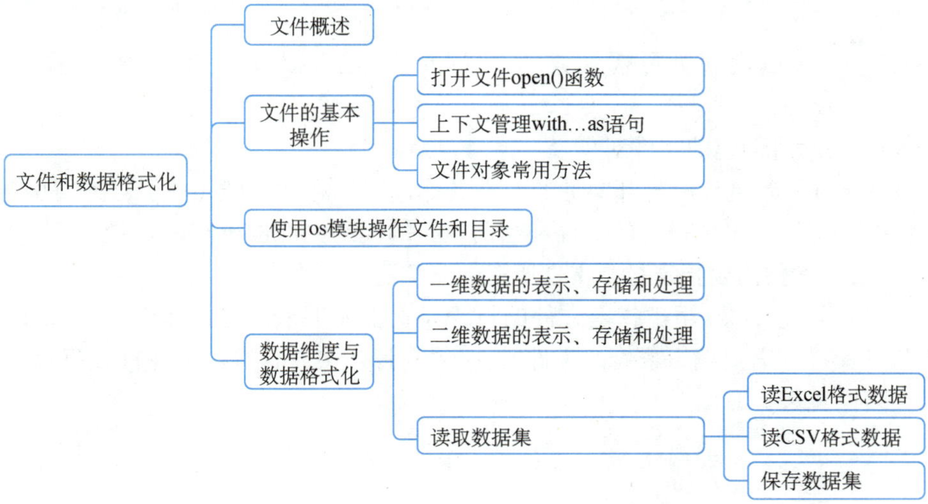

8.1 文件概述

文件是指存储在外部存储器上的数据的集合。文件可长期保存信息，并且允许信息的重复使用和多次修改，同时也是信息交换的重要途径。计算机处理的数据一般都是以文件的形式组织存放的。文件均有文件名，并通过扩展名指示文件类型。常见文件有图像文件、记事本文件、日志文件、数据库文件、视频和音频文件、配置文件、可执行文件等。按数据的组织形式可将文件分为文本文件和二进制文件。

文本文件由若干文本行组成，包含英文字母、汉字、数字字符串、标点符号等。扩展名为 txt、log、ini、c、cpp、py、pyw、html、js、css 的文件都属于文本文件。

二进制文件无法用记事本或其他普通文字处理软件正常进行编辑，用户也无法直接阅读和理解，需要使用正确的软件进行解码或反序列化之后才能正确地读取、显示、修改或执行。数据库文件、图像文件、可执行文件、音视频文件、Office 文档等均属于二进制文件。

8.2 文件的基本操作

微课：文件的基本操作

文件操作流程基本是一致的，操作流程分为以下 3 步。

(1) 使用 open( ) 函数打开文件，创建文件对象。

(2) 调用文件对象中的函数对文件内容进行读取、写入、删除、修改等操作。

(3) 调用文件对象的 close( ) 函数关闭并保存文件内容。

8.2.1 打开文件 open( )函数

在 Python 中，如果想要操作文件，首先需要创建或者打开指定的文件，并创建一个文件对象，而这些工作可以通过内置的 open( ) 函数实现。

open( ) 函数用于创建或打开指定文件。该函数的常用语法格式如下：

```
file=open(file_name[,mode='r'])
```

其中，“[ ]”中的内容为可选参数，既可以指定，也可以省略。各参数所代表的含义如下：

(1) file：表示要创建的文件对象。

(2) file_name：要创建或打开文件的文件名称，该名称要用引号（单引号或双引号）括起来。需要注意的是，如果要打开的文件和当前执行的代码文件位于同一目录，则直接写文件名即可；否则，此参数需要指定打开文件所在的完整路径。

(3) mode：可选参数，用于指定文件的打开模式。如果未指定打开模式，则默认以只读(r)模式打开文件。需要编辑或修改文件时，必须在打开文件时指明文件打开模式。文件打开模式有多种，见表 8-1。

表 8-1　　文件打开模式

模式	说明
r	读模式(默认模式,可省略),如果文件不存在,抛出异常
w	写模式,如果文件已存在,先清空原有内容;如果文件不存在,创建新文件
x	写模式,创建新文件,如果文件已存在则抛出异常
a	追加模式,不覆盖文件中原有内容
b	二进制模式(可与 r、w、x 或 a 模式组合使用),使用二进制模式打开文件时不允许指定 encoding 参数
t	文本模式(默认模式,可省略)
+	读、写模式(可与其他模式组合使用)

执行正常的话,open()函数将返回一个可迭代的文件对象。如果指定文件不存在、磁盘空间不够等异常原因导致创建文件对象异常就会抛出异常。

示例代码

```
f1=open('file1.txt','r')  #以只读方式打开文件并创建文件对象 f1
f2=open('file2.txt','w')  #以只写方式打开文件并创建文件对象 f2
```

成功打开文件之后,可以调用文件对象本身拥有的属性,获取当前文件的部分信息,其常见属性包括:

(1) file. name:返回文件的名称。

(2) file. mode:返回打开文件时,采用的文件打开模式。

(3) file. encoding:返回打开文件时使用的编码格式。

(4) file. closed:判断文件是否已经关闭。

例 8-1　使用 open()函数打开一个文件,查看返回对象信息。

参考代码

```
file=open(r"d:/data1.txt","w")      #打开一个文件用于写入
print("文件名字:",file.name)
print("访问模式:",file.mode)
print("是否已关闭:",file.closed)
file.close()                         #关闭文件
```

运行结果

```
文件名字: d:\data1.txt
访问模式: w
是否已关闭: False
```

上述程序运行完成后,会在 D 盘目录下创建一个 data1. txt 文件,如果已经存在,则会覆盖之前的文件。file. close()是在文件内容操作完成后,关闭文件对象,以确保所作修改均已

保存到文件中。

8.2.2 上下文管理 with...as 语句

文件的输入输出、数据库的连接断开等，都是很常见的资源管理操作。但资源是有限的，在写程序时，必须保证这些资源在使用后得到释放，否则容易造成资源泄露，轻则导致系统处理缓慢，重则致使系统崩溃。

在先前介绍文件操作时，强调打开的文件在操作完成后一定要关闭，否则会给程序的运行带来难以预估的隐患。然而，即便使用 close( )方法执行了关闭文件的操作，如果在打开文件或文件操作过程中抛出了异常，依然无法及时关闭文件。

为了更好地避免此类问题出现，不同的编程语言都引入了相应的机制。在 Python 中，对应的解决方式是使用 with...as 语句操作上下文管理器，帮助用户自动分配并且释放资源。使用 with...as 操作已经打开的文件对象(本身就是上下文管理器)，无论其间是否抛出异常，都能保证 with...as 语句执行完毕后自动关闭已经打开的文件。

with...as 语句的基本语法格式如下：

```
with open(filename[,mode]) as file:
    语句块
```

例 8-2 在 data. txt 文件中追加文本内容。

参考代码

```
with open('data.txt','a') as f:
    f.write("\nPython 程序设计")
```

运行结果

```
Python 程序设计
```

上述程序运行完成后，将在 data. txt 文件末尾下一行追加内容“Python 程序设计”。

8.2.3 文件对象常用方法

微课：文件对象常用方法

open( )函数打开文件后，可以通过返回的文件对象对文件完成相关操作，如读、写、关闭等操作。在对文件进行读写时，文件指针的位置会自动变化，始终表示读写的当前位置。表 8-2 介绍了文件对象的常用方法。

表 8-2 文件对象的常用方法

方法	功能说明
close( )	将缓冲区的内容写入文件，同时关闭文件，并释放文件对象
read([size])	逐个字节或字符读取文件中的内容。从文本文件中读取 size 个字符的内容作为结果返回，或从二进制文件中读取指定数量的字节并返回。如果省略 size，则表示读取所有内容

（续表）

方法	功能说明
readline( )	逐行读取文件中的内容。从文本文件中读取一行内容作为结果返回
readlines( )	一次性读取文件中多行内容。把文本文件中的每行文本作为一个字符串存入列表中，返回该列表
seek(offset[,whence])	将文件指针移动到新的字节位置。offset 表示相对于 whence 的位置。whence 为 0 表示从文件起始位置开始计算，为 1 表示从当前位置开始计算，为 2 表示从文件结尾开始计算，默认为 0
tell( )	返回文件指针的当前位置
write(s)	将 s 的内容写入文件
writelines(s)	将字符串列表 s 写入文本文件，不添加换行符

1. file.write( )函数

在使用 write( )函数向文件中写入数据时，需保证使用的 open( )函数是以可写模式包括 r+、w、w+、a、a+打开文件，否则执行 write( )函数时，会抛出“io. UnsupportedOperation”的错误。

例 8-3 使用 write( )函数向文件中写入数据。

参考代码

```
f=open("a.txt",'w')
f.write("一年之计在于春")
f.close()
f=open("a.txt",'a')
f.write("\n一日之计在于晨")
f.close()
```

运行结果

```
一年之计在于春
一日之计在于晨
```

如果打开文件模式中包含 w(写入)，那么向文件中写入内容时，会先清空原文件中的内容，然后再写入新的内容。

如果打开文件模式中包含 a(追加)，则不会清空原有内容，而是将新写入的内容添加到原内容之后。

2. file.readlines( )函数

例 8-4 将 a. txt 文件中的数据复制到其他文件中。

参考代码

```
f=open('a.txt','r',encoding='utf-8')
n=open('b.txt','w+')
```

```
n.writelines(f.readlines())
n.close()
f.close()
```

上述程序执行完成后,在 a. txt 文件同级目录下会生成一个 b. txt 文件,且该文件中包含的数据和 a. txt 完全相同。

3. file.read( )函数

对于借助 open( ) 函数,并以可读模式(包括 r、r+、rb、rb+)打开的文件,可以调用 read( )函数逐个字节(或者逐个字符)读取文件中的内容。

例 8-5 读取 a. txt 文件中的内容。

参考代码

```
with open("a.txt","r",encoding='utf-8') as file:
  str=file.read()
  print(str)
```

运行结果

```
一年之计在于春
一日之计在于晨
```

4. file.readline( )函数

readline( )函数用于读取文件中的一行,包含最后的换行符"\n"。此函数成功读取文件数据的前提是,使用 open( )函数指定打开文件的模式必须为可读模式(包括 r、rb、r+、rb+)。

例 8-6 利用 readline( )函数读取 a. txt 文件中的一行。

参考代码

```
with open("a.txt","r") as file:
  str=file.readline()
  print(str)
```

运行结果

```
一年之计在于春
```

5. file.readlines( )函数

readlines( )函数用于读取文件中的所有行。该函数返回一个字符串列表,其中每个元素为文件中的一行内容。它要求打开文件的模式必须为可读模式(包括 r、rb、r+、rb+)。

例 8-7 利用 readlines( )函数读取 a. txt 文件中的所有行。

参考代码

```
with open("a.txt","r") as file:
  str=file.readlines()
  print(str)
```

运行结果

```
['一年之计在于春\n','一日之计在于晨']
```

注意：

file. read( )读取所有字节，将读取结果转换为列表后，所有字节都单独作为列表中的一个元素，包括“\n”。

file. readline( )仅读取文本第一行内容，将读取结果转换为列表后，每个字节作为一个列表元素，包括“\n”。

file. redlines( )读取所有行，将读取结果转换为列表后，每一行作为列表的一个元素，包括“\n”。

6. file.seek( )和 file.tell( )函数

当向文件中写入数据时，如果写入位置不是文件的尾部，则写入位置的原有数据不会自行向后移动，而新写入的数据会将文件中处于该位置的数据直接覆盖。

文件对象提供了 tell( )函数和 seek( )函数实现对文件指针的移动。tell( )函数用于判断文件指针当前所处的位置，而 seek( )函数用于移动文件指针到文件的指定位置。seek( )函数的基本语法格式如下：

```
file.seek(offset[,whence])
```

其中，offset 表示偏移量，即需要移动偏移的字节数。需注意的是，字符编码在每个字符所占的字节长度不同。

whence 为可选参数，默认值为 0。它表示要开始偏移的位置：0 代表从文件开头开始计算，1 代表从当前位置开始计算，2 代表从文件末尾计算。

例 8-8　使用 file. tell( )和 file. seek( )函数重新定位文件位置。

参考代码

```
f=open("b.txt",'w')
    f.write("where there is a will, \nthere is a way.")
    f.close()
with open("b.txt","r") as file:
    print(file.tell())  #判断文件指针的位置
    file.seek(6)  #将文件指针从文件开头，向后移动到 5 个字符的位置
    print(file.tell())
    print(file.read())
```

运行结果

```
0
6
there is a will,
there is a way.
```

例 8-9 将字符串写入文本文件，然后再读取并输出。

参考代码

```
s='Hello world\n 文本文件的读取方法 \n 文本文件的写入方法 \n'
with open('sample.txt','w',encoding='utf8') as fp:
    fp.write(s)
with open('sample.txt',encoding='utf8') as fp:
    print(fp.read())
```

运行结果

```
Hello world
文本文件的读取方法
文本文件的写入方法
```

文件的顺序读写是指打开文件后，按照从左至右的顺序依次进行数据的读/写操作；而随机读写可以直接移动文件指针到指定位置，并对该位置的数据进行读/写操作，即读/写数据的位置无须遵循固定顺序，可以随机指定。

当以文本方式打开文件时，文件指针的移动只支持以文件开头作为参照位置；而当以二进制方式打开文件时，文件指针可以支持全部三种参照位置（文件开头、当前位置、文件末尾）。通过 seek( ) 函数实现的文件随机读写主要用于二进制文件，建议尽量避免对文本文件进行随机读写。

8.3 使用 os 模块操作文件和目录

Python 标准库中的 os 模块是整理文件和目录最为常用的模块，该模块提供了非常丰富的方法来处理文件和目录。os 模块中的常用函数见表 8-3。

表 8-3　os 模块中的常用函数

函数	含义
getcwd( )	返回当前工作目录
listdir(path)	返回 path 目录下的文件和目录列表
mkdir(path)	创建目录
remove(path)	删除指定的文件，要求用户拥有删除文件的权限，并且文件没有只读或其他特殊属性
rmdir(path)	删除目录，目录中不能有文件或子文件夹
rename(src,dst)	重命名文件或目录，可以实现文件的移动，若目标文件已存在则抛出异常，不能跨越磁盘或分区

例 8-10 os 模块常用函数基本用法。

参考代码

```
>>>import os    #导入 os 模块
>>>os.getcwd()
'C:\\Python37'
>>>os.mkdir(os.getcwd()+'\\temp')            #创建目录
>>>os.chdir(os.getcwd()+'\\temp')            #改变当前工作目录
>>>os.getcwd()
'C:\\Python37\\temp'
>>>os.mkdir(os.getcwd()+'\\test')
>>>os.listdir('.')
['test']
>>>os.rmdir('test')                          #删除目录
[]
```

除此之外，os. path 和 shutil 模块也提供了大量的方法支持文件和文件夹的操作。

os. path()提供了与目录相关的操作，可以进行目录的路径判断、路径切分、路径连接、文件夹遍历等操作。os. path 中的常用方法见表 8-4。

表 8-4　　os. path 中的常用方法

方法	功能说明
os. path. exists(path)	若路径存在则返回 True，若路径损坏则返回 False
os. path. isfile(path)	判断路径是否为文件
os. path. isdir(path)	判断路径是否为目录
os. path. abspath(path)	返回绝对路径
os. path. getsize(path)	返回文件大小，如果文件不存在则抛出异常
os. path. getmtime(path)	返回最近文件修改时间
os. path. getctime(path)	返回文件 path 创建时间
os. path. join(path1[,path2[,…]])	将目录和文件名合成一个路径
os. path. split(path)	将路径分割成目录和文件名，返回一个元组
os. path. splitext(path)	分割路径中的文件名与拓展名

例 8-11　测试 os. path 中常用方法。

参考代码

```
import os.path
#########获得目录、文件基本信息#########
print(os.path.isabs("d:/a.txt"))  #是否绝对路径
print(os.path.isdir("d:/a.txt"))  #是否目录
print(os.path.isfile("d:/a.txt"))  #是否文件
print(os.path.exists("a.txt"))  #文件是否存在
```

```
print(os.path.getsize("a.txt"))  #文件大小
print(os.path.abspath("a.txt"))  #输出绝对路径
print(os.path.dirname("d:/a.txt"))  #输出所在目录
#########获得创建时间、访问时间、最后修改时间#########
print(os.path.getctime("a.txt"))  #返回创建时间
print(os.path.getatime("a.txt"))  #返回最后访问时间
print(os.path.getmtime("a.txt"))  #返回最后修改时间
#########对路径进行分割、连接操作#########
path=os.path.abspath("a.txt")  #返回绝对路径
print(os.path.split(path))  #返回元组:目录、文件
('D:\\PycharmProjects\\mypro_io\\test_os','a.txt')
print(os.path.splitext(path))  #返回元组:路径、扩展名
('D:\\PycharmProjects\\mypro_io\\test_os\\a','.txt')
print(os.path.join("aa","bb","cc"))  #返回路径:aa/bb/cc
```

例 8-12 找出指定目录下所有的.py 文件,并输出文件名。

参考代码

```
import os.path
path=os.getcwd()
#方法一
file_list=os.listdir(path)  #列出子目录和子文件
for filename in file_list:
    pos=filename.rfind(".")
    if filename[pos+1:]=="py":
        print(filename,end="\t")
#方法二
file_list2=[filename for filename in os.listdir(path) if
            filename.endswith(".py")]  #列表推导式找出.py 文件
for filename in file_list2:
    print(filename,end="\t")
```

8.4 数据维度与数据格式化

在计算机中,根据组织数据时与数据有联系的参数的数量,数据可分为一维数据、二维数据和多维数据。本节将对数据维度(不同维度数据格式相互转换)相关知识进行讲解。

一维数据是指数据元素的值由一个因素唯一确定。例如,对于 n 名学生在数学考试中的成绩,每个成绩由学生唯一确定。学生 1 的考试成绩为成绩 1,学生 2 的考试成绩为成绩 2,……,学生 N 的考试成绩为成绩 N,见表 8-5。

表 8-5　一维数据

学生 1	学生 2	……	学生 N
成绩 1	成绩 2	……	成绩 N

二维数据是指数据元素的值由两个因素共同确定。例如，对于 m 名学生在语文、数学、英语三门课程考试中的成绩，由学生和课程共同确定。学生 1 在语文、数学和英语课上的考试成绩分别为成绩 11、成绩 12 和成绩 13，……；学生 M 在语文、数学和英语课上的考试成绩分别为成绩 M1、成绩 M2 和成绩 M3，见表 8-6。

表 8-6 二维数据

	语文	数学	英语
学生 1	成绩 11	成绩 12	成绩 13
学生 2	成绩 21	成绩 22	成绩 23
……	……	……	……
学生 M	成绩 M1	成绩 M2	成绩 M3

二维数据可以看作由多个一维数据组成。

数组是数据的组合。数组在应用上属于数据的容器，它不仅仅是一种基础的数据类型，更是一种基础的数据结构。在 Python 中，Numpy（常用于数学计算）和 Pandas（数据分析常用包，可方便地对表结构进行分析）这两个常用的数据包均可以用于表示数组。需注意的是，Numpy 和 Pandas 是 Python 的第三方库，使用之前需要提前安装。

1. 使用 pip 命令安装 Numpy

（1）使用 pip 命令直接安装 Numpy。

进入命令行界面，切换到安装目录下的 Scripts 路径下，输入并执行命令“pip install numpy”后即可安装 Numpy。

（2）安装.whl 文件。

进入 Numpy 官方网站或直接输入网址 https://pypi.org/project/numpy/#files 下载.whl 文件。下载完成后，在命令行窗口使用“cd”命令跳转到 whl 文件所在目录，然后使用命令“pip install ***.whl”即可完成.whl 文件的安装。

2. 使用 pip 命令安装 Pandas

（1）使用 pip 命令直接安装 Pandas。

进入命令行界面，输入命令“pip install pandas”即可安装 Pandas。

（2）使用 pip 命令运行 Pandas 的.whl 文件。

输入网址 https://pypi.org/project/pandas/#files 下载.whl 文件。在 Pandas 库中安装.whl 文件的步骤与在 Numpy 库中的相同，不再赘述。

8.4.1 一维数据的表示、存储和处理

微课：一维数据的表示、存储和处理

一维数据是具有对等关系的一组线性数据，对应数学之中的集合和一维数组。在 Python 语法中，一维列表、一维元组和集合都是一维数据。在 Python 中，列表也可以表示数组，但是用 Numpy 表示的一维数组具有统计功能[如平均值 mean()，标准差 std()]和向量化运算功能，这是列表所不具有的。一维数组可以用 Numpy 包的 array 和 Pandas 包是 Series 定义。

根据前面介绍的步骤将 Numpy 包和 Pandas 包安装完成后，输入如下代码导入：

```
import numpy as np
import pandas as pd
```

1. 使用 Numpy 定义一维数据

例 8-13 使用 Numpy 创建一维数组。

参考代码

```
import numpy as np
#定义一维数组
a=np.array([1,2,3,4,5])
print(a)
print(np.arange(9))
print(np.arange(1,9,0.5))
print(np.arange(1,9,5))
print(np.random.randint(0,100,size=10))  #随机生成 10 个数字的数组
```

运行结果

```
[1 2 3 4 5]
[0 1 2 3 4 5 6 7 8]
[1.  1.5 2.  2.5 3.  3.5 4.  4.5 5.  5.5 6.  6.5 7.  7.5 8.  8.5]
[1 6]
[77  93  9  17  19  47  44  57  51  3]
```

数组的访问包括切片访问和循环访问。其中,切片访问更常用,也更方便。

例 8-14 使用 Numpy 进行数组访问。

参考代码

```
import numpy as np
#定义一维数组
a=np.array([1,2,3,4,5])
a[1:3]     #切片访问
for i in a:   #循环访问
    print(i)
```

运行结果

```
2
3
```

2. 使用 Pandas 定义一维数据

Pandas 一维数组可以用 Series 建立索引,用 index 来指定索引,这样,就可以通过索引来访问数组。

例 8-15 使用 Pandas 创建并访问一维数组。

参考代码

```
import pandas as pd
obj=pd.Series([1,-2,3,-4]) #仅有一个数组构成
print(obj)
#创建 Series 时指定索引
i=["a","c","d","a"]
v=[2,4,5,7]
t=pd.Series(v,index=i,name="col")
print(t)
```

运行结果

```
0    1
1   -2
2    3
3   -4
dtype:int64
a    2
c    4
d    5
a    7
Name:col,dtype:int64
```

例 8-16 使用 Numpy 创建的数组快速创建序列。

参考代码

```
import pandas as pd
import numpy as np
data=np.array(['需求分析','概要设计','详细设计','编制代码','运行维护'])
s=pd.Series(data)
print(s)
```

运行结果

```
0    需求分析
1    概要设计
2    详细设计
3    编制代码
4    运行维护
dtype: object
```

如果数据被存放在一个 Python 字典中,也可以直接通过这个字典来创建序列。

例 8-17 通过字典创建序列。

参考代码

```
import pandas as pd
```

```
sdata={'Ohio':35000,'Texas':71000,'Oregon':16000,'Utah':5000}
obj3=pd.Series(sdata)
print(obj3)

sdata={"a":100,"b":200,"e":300}
letter=["a","b","c","e"]
obj=pd.Series(sdata,index=letter)
print(obj)
```

运行结果

```
Ohio        35000
Texas       71000
Oregon      16000
Utah         5000
dtype: int64
a    100.0
b    200.0
c      NaN
e    300.0
dtype: float64
```

8.4.2 二维数据的表示、存储和处理

微课：二维数据表示、存储和处理

二维数据对应数学之中的矩阵和二维数组。在 Python 语法中，二维列表、二维元组等都是二维数据。二维数组可以用 Numpy 包的 array 和 Pandas 包的 Dataframe 定义。

1. 使用 Numpy 定义二维数据

NumPy 中，二维数组与一维数组的定义、查询及访问均非常类似。数组下标均从零开始，行号与列号用逗号分隔，行号在前，列号在后。

例 8-18 使用 Numpy 创建二维数组。

参考代码

```
import numpy as np
a=np.array([[1,2,3],[4,5,6]])
print(a)
```

运行结果

```
[[1 2 3]
 [4 5 6]]
```

2. 使用 Pandas 定义二维数据

Numpy 二维数组每一列的数据类型都是相同的，因此，它不适合存储像 Excel 表格这样每一列的数据类型都不同的数据。相比之下，通过 Pandas 的 Dataframe 库创建的二维数组每

一列都可以是不同类型的，并且具有索引 index 功能，可以方便地通过索引访问数据。

（1）使用 DataFrame 创建二维数据

在用 Pandas 数据框 DataFrame 定义带索引的二维数组时，首先，要定义一个字典，映射列名和对应列的值；其次，定义数据框，将参数传入字典。DataFrame 的创建格式如下：

```
pd.DataFrame(data=None,index=None,columns=None,dtype=None,copy=False)
```

DataFrame 的属性见表 8-7。

表 8-7　DataFrame 的属性

函数	返回值	函数	返回值
values	元素	size	元素个数
index	索引	ndim	维度数
columns	列名	shape	数据形状（行列数目）
dtypes	类型	—	—

例 8-19　创建 DataFrame。

参考代码

```
import pandas as pd
data={
    'name':['张三','李四','王五','小明'],
    'sex':['female','female','male','male'],
    'year':[2001,2001,2003,2002],
    'city':['北京','上海','广州','北京']
}
df=pd.DataFrame(data)
print(df)
```

运行结果

```
    name   sex    year   city
0   张三   female  2001   北京
1   李四   female  2001   上海
2   王五     male  2003   广州
3   小明     male  2002   北京
```

若想创建时指定列名呢？

参考代码

```
#DataFrame 创建时指定列名
df2=pd.DataFrame(data,columns=['name','sex','year','city'],index=['a','b','c','d'])
print(df2)
```

运行结果

```
   name  sex     year  city
a  张三  female  2001  北京
b  李四  female  2001  上海
c  王五    male  2003  广州
d  小明    male  2002  北京
```

（2）Pandas 二维数组的数据访问

Pandas 二维数组的数据访问与一维数组类似。通过切片形式可以选取一行或多行数据。

例 8-20 选取 Pandas 二维数组的行数据

参考代码

```
import pandas as pd
data={
    'name':['张三','李四','王五','小明'],
    'sex':['female','female','male','male'],
    'year':[2001,2001,2003,2002],
    'city':['北京','上海','广州','北京']
}
df=pd.DataFrame(data)
print(df)
print('显示前两行数据:\n',df[:2])
print('显示 2~3 行数据:\n',df[1:3])
```

运行结果

```
   name  sex     year  city
0  张三  female  2001  北京
1  李四  female  2001  上海
2  王五    male  2003  广州
3  小明    male  2002  北京
```

显示前两行数据：

```
   name  sex     year  city
0  张三  female  2001  北京
1  李四  female  2001  上海
```

显示 2~3 行数据：

```
   name  sex     year  city
1  李四  female  2001  上海
2  王五    male  2003  广州
```

通过列索引或以属性的方式可以单独获取 DataFrame 的列数据，返回的数据类型为序列。

例 8-21 选取 Pandas 二维数组的列数据。

参考代码

```
import pandas as pd
data={
    'name':['张三','李四','王五','小明'],
    'sex':['female','female','male','male'],
    'year':[2001,2001,2003,2002],
    'city':['北京','上海','广州','北京']
}
df=pd.DataFrame(data)
w1=df['name']
print(w1)
W2=df[['name','year']]
print(w2)
```

运行结果

```
0    张三
1    李四
2    王五
3    小明
Name: name,dtype: object
   name  year
0   张三  2001
1   李四  2001
2   王五  2003
3   小明  2002
```

选取通过 DataFrame 提供的 head( ) 和 tail( ) 方法可以得到多行数据，但是通过这两种方法得到的数据都是从数据框的开始或者末尾获取连续的多行数据。

例 8-22 查询 Pandas 二维数组的多行数据。

参考代码

```
import pandas as pd
data=[['Alex',10],['Bob',12],['Calvin',13]]
df=pd.DataFrame(data,columns=['Name','Age'])
print(df)
print(df.T)          #DataFrame 的转置，实现行和列的交换
print(df.head(2))    #显示前 2 行
print(df.tail(1))       #显示后 1 行
```

运行结果

```
     Name  Age
0  Alex    10
1  Bob     12
2  Calvin  13

        0    1       2
Name  Alex  Bob  Calvin
Age     10   12      13

   Name  Age
0  Alex   10
1   Bob   12

     Name  Age
2  Calvin   13
```

Pandas 中的 loc 属性用于根据索引查询值，iloc 属性用于根据位置查询值。基本语法格式如下：

```
DataFrame.loc(行索引名称或条件,列索引名称)
DataFrame.iloc(行索引位置,列索引位置)
```

例 8-23　选取 Pandas 二维数组的行和列。

参考代码

```
import pandas as pd
data={
    'name':['张三','李四','王五','小明'],
    'sex':['female','female','male','male'],
    'year':[2001,2001,2003,2002],
    'city':['北京','上海','广州','北京']
}
df=pd.DataFrame(data)
print(df.loc[:,['name','year']])  #显示 name 和 year 两列
print(df.iloc[:,2]) #显示前 2 列
print(df.iloc[[1,3]]) #显示第 1 和第 3 行
print(df[df['year']==2001])  #布尔选择
```

运行结果

```
   name  year
0  张三   2001
1  李四   2001
2  王五   2003
```

```
3   小明   2002

0    2001
1    2001
2    2003
3    2002

   name  sex     year   city
1  李四  female  2001   上海
3  小明    male  2002   北京

   name  sex     year   city
0  张三  female  2001   北京
1  李四  female  2001   上海
```

8.4.3　读取数据集

微课：读取数据集

1. 读取 Excel 格式数据

用 Pandas 读取 Excel 格式数据非常方便。pandas. read_excel( ) 函数可用于将 Excel 文件读取到 Pandas 的 DataFrame 中。该方式支持从本地文件系统或 URL 读取文件扩展名为. xls、. xlsx、. xlsm、. xlsb 和. odf 的文件,支持读取单个或若干个表格。pandas. read_excel 的一般格式如下:

```
pandas.read_excel(io,[sheet_name=0,header=0,names=None])
```

例 8-24　用 Pandas 读取 Excel 格式数据。

参考代码

```
import pandas as pd
data1=pd.read_excel('Py_data.xlsx',sheet_name='data')
print(data1.head(10))
```

运行结果

```
       学号      性别 身高 体重  开设    课程      软件
0  1510248008   女   167   51  不清楚  都未学过   No
1  1510229019   男   171   70  有必要  概率统计  Matlab
2  1512108019   女   165   49  有必要  统计方法   SPSS
3  1512332010   男   175   73  有必要  编程技术   Excel
4  1512331015   男   180   75  有必要  都学习过  Python
5  1516248014   男   183   78  不必要  编程技术   Excel
6  1516352030   女   154   55  有必要  编程技术   Excel
7  1516171019   女   166   60  不必要  都未学过   Excel
```

```
8  1516391008  女  165  58  不必要  都未学过   Excel
9  1520395019  男  173  63  有必要  统计方法      R
```

2. 读取 CSV 格式数据

CSV(Comma-Separated Values)是一种国际通用的一维、二维数据存储格式,其对应文件的扩展名为.csv,可使用 Excel 软件直接打开。CSV 文件中每行对应一个一维数据,一维数据的各数据元素之间用英文半角逗号分隔(逗号两边不需要加额外的空格)。即使缺失元素,也要保留逗号,使得元素的位置能够与实际数据对应。CSV 文件中的多行形成了一个二维数据,即一个二维数据由多个一维数据组成。二维数据中的第一行可以是列标题,也可以直接存储数据(即没有列标题)。

使用 csv 模块的 writer 方法可以生成一个 writer 对象,利用该对象可以将数据以逗号分隔的形式写入 CSV 文件。生成 writer 对象后,就可以通过 csv 模块的 writerow( )和 writerows( )方法向 CSV 文件中写入数据。

使用 csv 模块的 reader 方法可以生成一个 reader 对象,利用该对象可以将以逗号分隔的数据从 CSV 文件中读取出来。

例 8-25 CSV 文件读写示例。

参考代码

```
import csv#导入 csv 模块
data2D=[[90,98,87],#第 1 名学生的 3 门课程成绩
[70,89,92],#第 2 名学生的 3 门课程成绩
[95,78,81],#第 3 名学生的 3 门课程成绩
[98,90,95],#第 4 名学生的 3 门课程成绩
[65,72,70]] #第 5 名学生的 3 门课程成绩
with open('D:\\Python\\score.csv','w',newline='') as f: #打开文件
    csvwriter=csv.writer(f) #得到 writer 对象
    csvwriter.writerow(['语文','数学','英语']) #先将列标题写入 CSV 文件
    csvwriter.writerows(data2D) #将二维列表中的数据写入 CSV 文件
ls2=[]
with open('D:\\Python\\score.csv','r',newline='') as f: #打开文件
    csvreader=csv.reader(f) #得到 reader 对象
    for line in csvreader: #将 CSV 文件中的一行数据作为列表读取到 line 中
        ls2.append(line) #将当前行数据的列表添加到 ls2 的尾部
print(ls2) #输出 ls2
```

运行结果

```
[['语文','数学','英语'],['90','98','87'],['70','89','92'],['95','78','81'],['98','90','95'],['65',
'72','70']]
```

CSV 文件本质上是文本文件,是以逗号分隔的文本数据,既可以用记事本打开,也可以用电子表格软件打开,是一种通用的数据格式。用 Pandas 读取 CSV 文件中的数据也非常方便,例如,pandas.read_csv( )函数。

例 8-26　用 Pandas 读取 CSV 格式数据。

参考代码

```
import pandas as pd
data2=pd.read_csv('Py_data.csv','data')
print(data2.tail(10))
```

运行结果

```
42  1537288004,女,170,65,19.1,不清楚,编程技术,Python
43       1537359035,女,168,55,17.6,不清楚,概率统计,No
44  1438391022,女,164,52,10.3,有必要,编程技术,Python
45       1538399025,男,172,65,9.5,有必要,统计方法,SAS
46        1438120022,男,180,70,35.6,有必要,统计方法,R
47      1538319004,男,175,68,44.4,不清楚,统计方法,SAS
48   1538254010,女,166,50,5.3,不清楚,编程技术,Python
49     1540294017,女,159,48,71.4,不清楚,都学习过,SPSS
50     1540365026,女,169,53,5.5,有必要,统计方法,Excel
51      1540388036,女,165,48,56.8,不必要,概率统计,SAS
```

3. 保存数据集

在 Python 中,读取和保存数据集时最常用的文件格式是 Excel 和 CSV,Pandas 库提供了 to_csv( )和 to_excel( )方法将数据保存为相应文件格式。

例 8-27　用 Pandas 读取保存数据。

参考代码

```
import pandas as pd
data1=pd.read_excel('Py_data.xlsx',sheet_name='data')
data2=pd.read_csv('Py_data.csv','data')
data1.to_excel('data1.xlsx',index=False)
data2.to_csv('data2.csv')
```

上述程序运行完成后,data1 中的数据将保存到 data1. xlsx 文件中,data2 中的数据将保存到 data2. csv 文件中。

8.5 综合案例

8.5.1 文件中的数据排序

例 8-28　读取文本文件 data. txt(文件中每行存放一个整数)中所有整数,按升序排序后再写入文本文件 data_asc. txt 中。

解题思路

首先打开 data. txt 文件,使用文件对象调用 readlines( )函数读取所有行数据,sort( )函数按照数据大小升序排序后，然后使用 writelines( ) 函数将数据写入 data_asc. txt 文件。

参考代码

```
with open('data.txt') as fp:
    data=fp.readlines()
data.sort(key=int)
with open('data_asc.txt','w') as fp:
    fp.writelines(data)
```

8.5.2 文件中浮点数计算

例 8-29 假设有一个包含一系列浮点数的文本文件，每行一个浮点数。读取浮点数值并写入一个新的输出文件中，按列对齐，再写入它们的总和和平均值。例如，若输入文件的内容如下：

```
35.0
54.0
72.5
80.25
155.0
```

则输出文件应该包含：

```
35.0
54.0
72.5
80.25
155.0
Total: 396.75
Average: 79.35
```

参考代码

```
#提示用户输入文件名称和输出文件名称
inputFileName=input("Input file name:")
outputFileName=input("Output file name:")
#打开输入文件和输出文件
infile=open(inputFileName,"r")
outfile=open(outputFileName,"w")
#读取输入文件并写入输出文件
total=0.0
count=0
line=infile.readline()
while line!="" :
    value=float(line)
    outfile.write("%15.2fIn"%value)
    total=total+value
```

```
        count=count+1
        line=infile.readline()
    #输出总和与平均值
    outfile.write("%15s\n"%"--------")
    outfile.write("Total:%8.2f\n"%total)
    avg=total/count
    outfile.write("Average:%6.2f\n"%avg)#关闭文件。
    infile.close()
    outfile.close()
```

8.5.3 统计词频

例 8-30　统计 lyrics. txt 文件中每个英语字母的出现次数。

解题思路

维护计数的字母有 26 个，因此，可以使用一个包含 26 个用整数表示的计数器的列表。字母 A 的出现次数由 counts[0]来维护，字母 B 的出现次数由 counts[1]来维护，依次类推。

使用 ord()函数返回每个字母的 Unicode 值（不使用庞大的 if...elif...else 结构）。大写字母 A 到 Z 在 Unicode 中是按顺序编码的（从字母 A 的 65 到字母 Z 的 90）。将每个字母的 Unicode 值减去字母 A 的编码，可以得到介于 0 和 25 之间的值，可将其作为 lettercounts 列表的索引（所有小写字母在统计之前必须转换成大写）。

参考代码

```
letterCounts=[0]*26
inputFile=open("lyrics.txt","r")
char=inputFile.read(1)
while char!="":
    char=char.upper()
    if char>="A" and char<="Z":
        code=ord(char)-ord("A")
        letterCounts[code]=letterCounts[code]+1
inputFile.close()
```

本章总结

本章主要针对 Python 中的文件操作进行讲解，包括文件的创建、文件的打开关闭，通过该文件对象对文件内容进行读取、写入、删除、修改等操作。使用 os 模块操作文件和目录，使用 Numpy 和 Pandas 库进行一维数据和二维数据的常用处理、数据集的读取和保存等操作。

希望读者通过本章的学习认真掌握文件的相关操作，能够熟练使用相关方法实现相应功能。文件处理涉及数据信息的安全，须按照文件操作的格式规范，养成全方位思考问题的习惯，在做事之前通盘考虑可能出现的情况，提前做好预案。通过文件和数据的输入与输出的操作，培养文化修养、道德修养、计算思维、编程思维等素养的“输入”，为社会“输出”人生价值，为国家发展贡献力量。

课后习题

一、选择题

1. open()函数的默认文件打开方式是（　　）。

A. w　　B. w+　　C. r　　D. r+

2. 下面文件打开方式中，不能对打开的文件进行写操作的是（　　）。

A. w　　B. wt　　C. r　　D. a

3. 要从文件中按行读取所有数据，则应使用文件对象的（　　）方法。

A. read()　　B. readall()

C. readline()　　D. readlines()

4. os 模块中用于依次创建路径中所有不存在目录的函数是（　　）。

A. makedirs()　　B. makedir()

C. mkdirs()　　D. mkdir()

5. 下列选项中，描述错误的是（　　）。

A. 如果要创建的目录已经存在，则 os. mkdir()函数会报错

B. 如果要创建的目录已经存在，则 os. makedirs()函数不会报错

C. 如果要删除的目录不存在，则 os. rmdir()函数会报错

D. 如果要删除的目录已存在但目录不为空，则 os. rmdir()函数会报错

二、判断题

1. 书写文件路径时，为了减少路径中分隔符"\"符号的输入，同时也为了避免不正确的转义导致代码错误，建议使用原始字符串。（　　）

2. 使用 UTF-8 编码格式的中文文本文件可以直接使用 GBK 编码格式进行解码。（　　）

3. 在对文件进行读写时，文件指针的位置会自动变化，始终表示读写的当前位置。（　　）

4. 使用上下文管理语句 with 管理文件对象时，即使 with 块中的代码发生错误引发异常，也能保证文件被正确关闭。（　　）

5. 扩展库 Pandas 的 read_csv()函数用于读取 CSV 文件中的数据并创建 DataFrame 对象。（　　）

6. 扩展库 Pandas 支持使用 Python 字典直接创建 DataFrame 对象，此时字典中的键将作为 DataFrame 中的 columns。（　　）

7. 已知 df 为 Pandas 的 DataFrame 对象，那么 df[:10]表示访问 df 中前十列数据。（　　）

8. 使用扩展库 Pandas 中 DataFrame 对象的 loc()方法访问数据时，可以使用 DataFrame 的 index 标签，也可以使用整数序号来指定要访问的行和列。（　　）

三、填空题

1. 使用上下文管理关键字__________可以自动管理文献对象，不管是何种因素导致结束该关键字中的语句块，都能保证文献被正确关闭。

2. 使用 pip 命令在线安装扩展库 Numpy 的完整命令是__________。

3. 使用 np. arange(8)生成的数组中最后一个元素的值为__________。

4. 扩展库 Pandas 的__________函数用于读取 Excel 文件中的数据并创建 DataFrame 对象。

5. 扩展库 Pandas 的__________函数用于读取 CSV 文件中的数据。

四、编程题

1. 编写程序，在 D 盘根目录下创建一个文本文件 test. txt，并向其中写入字符串"hello world"。

2. 读取文本文件 data. txt（文件中每行存放一个整数）中所有整数，按升序排序后再写入文本文件

data_asc. txt 中。

3. 统计文本文件 Sample. txt 中最长行的长度和该行的内容。

4. 创建文件 s1. txt,并向该文件中追加内容 s1,将 s1 中的大写字母变为小写字母,小写字母变为大写字母后的所有内容写入文件 s2. txt,并输出 s2. txt 中的内容。

第 9 章 程序异常处理

本章导读

Python 程序在运行过程中,时常会出现一些不可预测的情况。例如,运行时检测出程序中包含了未声明的变量,或者不符合特定的运算法则,抑或用户在输入数据时检测到非法数据,从而产生错误信息以中断程序的运行。Python 采用一种结构化的异常处理机制对错误进行处理,从而确保程序具有很强的健壮性和易维护性,减少程序员的工作量,提高程序执行效率。

本章将介绍 Python 中的异常处理结构、用户创建异常对象的方法、用户自定义异常的方法以及断言处理。

学习目标

- 了解 Python 程序中错误和异常的概念。
- 了解 Python 中异常的类型,掌握常见异常类。
- 掌握 try...except...[else]...finally 异常处理结构。
- 掌握 raise 语句的用法。
- 掌握用户自定义异常的方法。
- 掌握断言处理。

学习导航

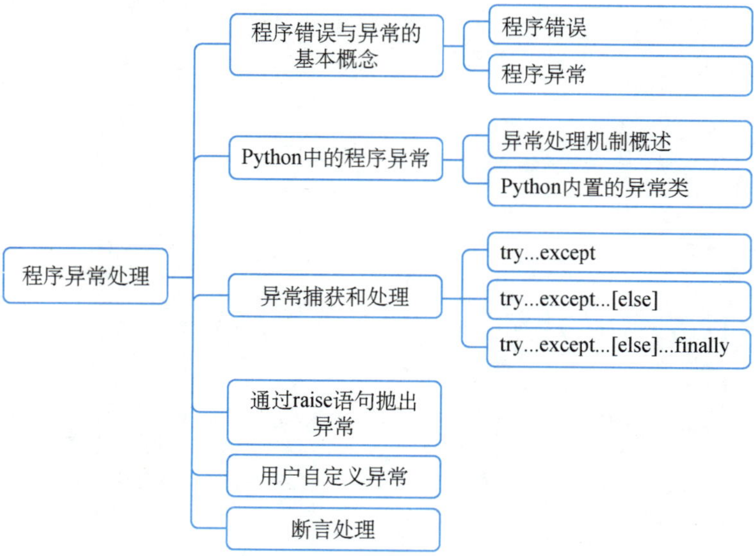

9.1 程序错误与异常的基本概念

微课：程序错误与异常的基本概念

9.1.1 程序错误

在 Python 程序的运行过程中，经常会报错。常见的错误可分为 3 种类型：语法错误、运行错误和结果错误。

1. 语法错误

语法错误是指程序源代码因书写错误导致其无法被正常解析成字节码，从而抛出 SyntaxError 错误信息，也称为解析错误，是初学者常遇到的问题。

示例代码

```
>>>a=1
>>>if a==1 print('This a SyntaxError')
SyntaxError: invalid syntax
```

上述程序中的语法错误是“if a==1”后面缺少了冒号（:）。

2. 运行错误

运行错误是指程序源代码在执行过程中报错。例如，当程序中出现零除运算时，解释器会在运行时抛出 ZeroDivisionError 错误信息。与程序中包含未声明的变量时，解释器会在运行时抛出 NameError 错误信息。

示例代码

```
>>>j=0
>>>i=1/j
Traceback(most recent call last):
  File"<pyshell#9>",line 1,in<module>
    i=1/j
ZeroDivisionError: division by zero

>>>c=b+1
Traceback(most recent call last):
  File"<pyshell#12>",line 1,in<module>
    c=b+1
NameError: name 'b' is not defined
```

3. 结果错误

结果错误也可称为逻辑错误，即程序执行过程不报错，但运行结果错误。对于这类错误，Python 解释器无法起到提醒的作用，需要程序员依据结果来调试和判断。

示例代码

```
>>>a=1;b=2;c=1
>>>x1=-b+math.sqrt(b*b-4*a*c)/2*a
>>>x2=-b-math.sqrt(b*b-4*a*c)/2*a
>>>print(x1,x2)
```

```
-2.0 -2.0
```

上述代码的正确运行结果为“-1.0 -1.0”,但求根公式有误,从而导致结果不正确。正确公式应为“x1=(-b+math.sqrt(b*b-4*a*c))/(2*a)和 x2=(-b-math.sqrt(b*b-4*a*c))/(2*a)”。

9.1.2 程序异常

在以上程序的运行过程中,与结果错误不同的是,语法错误和运行错误会使解释器抛出带有“Error”提示的错误信息,这种机制称为异常。通过程序运行时抛出的异常,可以快速定位错误所在行,并分析和修改相关位置的代码。

9.2 Python 中的程序异常

微课:Python中的程序异常

9.2.1 异常处理机制概述

在程序的运行过程中,程序可能会抛出异常,从异常捕获到处理,Python 采用了一套行之有效的结构化处理机制——try...except...finally 结构。其中,try 语句用于定义可能抛出异常的代码块,except 语句用以捕获指定类型的异常并及时给予处理,finally 语句用于确保 try 语句中的代码块无论是否抛出异常或者抛出异常之后是否处理成功,都能使得程序得以继续执行。

例 9-1 异常处理示例:比较以下两段代码的运行结果。

示例代码

```
#代码 1
a=0
b=0
try:
    i=a/b
except ZeroDivisionError:
    print('i 的结果分母为 0,',end='')
except NameError:
    print('变量 b 不存在,',end='')
finally:
    print("程序结束!")
```

```
#代码 2
a=0
try:
    i=a/c
except ZeroDivisionError:
    print('i 的结果分母为 0,',end='')
except NameError:
    print('变量 c 不存在,',end='')
finally:
    print("程序结束!")
```

运行结果

代码 1 的运行结果：i 的结果分母为 0，程序结束！

代码 2 的运行结果：变量 c 不存在，程序结束！

程序分析

在上述程序中，代码 1 定义了“a=0”和“b=0”，程序执行“i=a/b”时抛出 ZeroDivisionError 异常，通过 except 语句捕获到该异常并进行处理，输出“i 的结果分母为 0”。成功处理后继续执行 finally 语句。代码 2 由于标识符 c 未定义，因此抛出的是 NameError 异常，随后处理该异常，执行输出“变量 c 不存在”。同样地，成功处理后继续执行 finally 语句。

由以上程序可以看出，异常处理机制可以实现将错误处理流程和正常控制流分离，从而可以更为高效地处理错误，增强程序代码的健壮性和可维护性。

例 9-1 中抛出了 ZeroDivisionError 异常和 NameError 异常，那么，Python 程序还可能抛出哪些异常呢？这些异常又有什么含义呢？接下来将详细介绍几种常见的异常。

9.2.2　Python 内置的异常类

在前面的章节里，每次在程序执行过程中遇到异常时，如果没有对该异常进行捕获和处理，程序都会进行回溯（Traceback，一种错误信息），并终止执行。这些信息包括错误类型（如 NameError）、原因和错误产生的行号等。一个异常对象的来源通常有两种：其一，在程序运行过程中，当程序出现错误时，Python 解释器自动创建异常对象并抛出，此时程序中止执行当前流，转而执行异常处理流程；其二，在某种特殊情况下，在代码中自定义异常，并通过 raise 语句抛出。

异常对象是异常类的对象实例，Python 内置的异常类层次结构如图 9-1 所示。

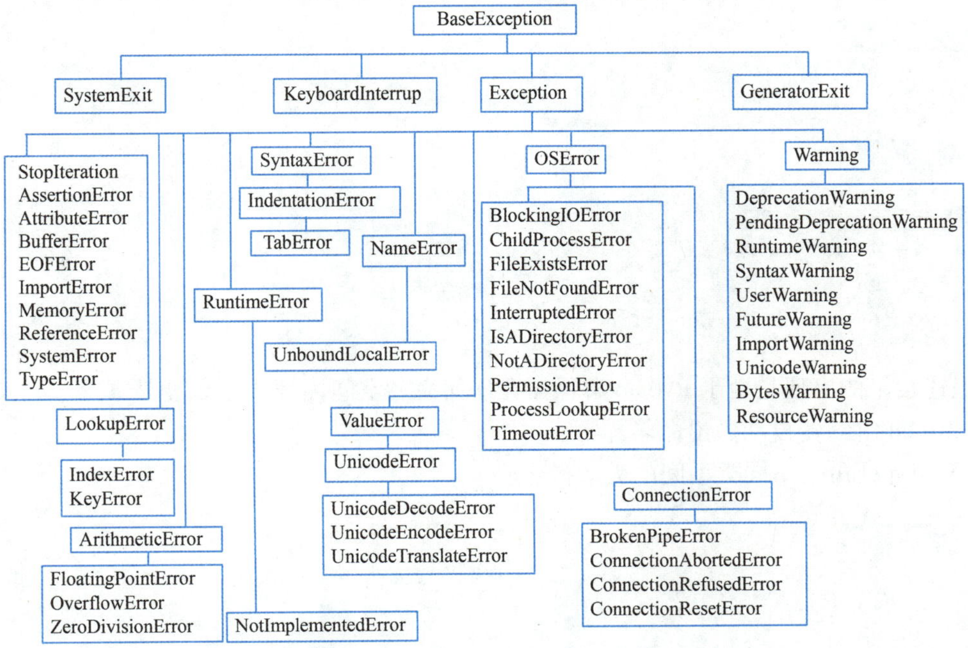

图 9-1　Python 内置的异常类层次结构

由图 9-1 可看出，SystemExit、KeyboardInterrupt、Exception 和 GeneratorExit 这四个异常类直接从 BaseException 基类（父类）继承，诸如 NameError 等大部分常见的内置异常又都是 Exception 的子类，因此所有的异常都是必须从 BaseException 类进行派生。其中，SystemExit 异常通常是在某段代码中调用了 sys. exit( ) 函数后被触发，目的是在程序退出之前清理代码。该动作一般放在 finally 语句中，因为无论是否处理异常，finally 语句都会确保执行。KeyboardInterrupt 异常适用于命令行程序，表示使程序中断，其引发规则为用户在键盘上按下中断键〔Ctrl+C〕，此时这个异常会被抛出。

例 9-2 常见内置异常举例。

（1）SyntaxError：Python 的语法错误。

示例代码

```
a=1
if a>0
    print(a,'是正数')
```

运行结果

```
SyntaxError:Invalid syntax
```

上述结果表明代码中有语法错误。仔细分析代码后，发现“if a>0”后少了冒号（：）。常见的语法错误还有缩进错误，该错误将触发 IndentationError 异常。IndentationError 异常是 SyntaxError 的子类，在异常处理中，只需捕获 SyntaxError 异常，就能处理缩进错误。因此出现错误时，显示的是 SyntaxError。

（2）NameError：尝试访问一个未定义的变量。

示例代码

```
print(a)
```

运行结果

```
Traceback(most recent call last):
  File "H:\Python\课本案例\第 9 章\例 9-2.py",line 6,in<module>
    print(a)
NameError: name 'a' is not defined
```

上述结果的出现是由于 Python 解释器在任何命名空间内都找不到变量 a，即 a 未定义，所以，Python 解释器自动抛出命名异常。

（3）TypeError：不同类型间的无效操作。

示例代码

```
a=1
b='2'
print(a+b)
```

运行结果

```
Traceback(most recent call last):
  File "H:\Python\课本案例\第 9 章\例 9-2.py",line 10,in<module>
    print(a+b)
TypeError: unsupported operand type(s) for+:'int' and 'str'
```

上述结果表明，Python 解释器不支持直接把 int 型数据与 str 型数据进行加法运算，若强行相加，则 Python 解释器会自动抛出数据类型操作异常。

（4）ValueError：传入无效参数。

示例代码

```
a='hello'
print(int(a))
```

运行结果

```
Traceback(most recent call last):
  File "H:\Python\课本案例\第 9 章\例 9-2.py",line 13,in<module>
    print(int(a))
ValueError: invalid literal for int() with base 10: 'hello'
```

上述结果表明，当 int( ) 函数传入了无效的字符串型参数时，Python 解释器会自动抛出数值异常。

（5）ZeroDivisionError：除数为零。

示例代码

```
a=1/0
print(a)
```

运行结果

```
Traceback (most recent call last):
  File "H:\Python\课本案例\第 9 章\例 9-2.py",line 15,in<module>
    a=1/0
ZeroDivisionError: division by zero
```

上述结果表明，如果除数为 0，Python 解释器会自动抛出零除异常。

（6）AttributeError：尝试访问未知的对象属性。

示例代码

```
a=(1,2,3,4)
a.append(5)
print(a)
```

运行结果

```
Traceback(most recent call last):
  File "H:\Python\课本案例\第 9 章\例 9-2.py",line 19,in<module>
    a.append(5)
AttributeError:'tuple' object has no attribute 'append'
```

上述结果表明,Python 解释器自动抛出的是属性异常,出现异常的原因是元组对象是不可变序列,没有 append( ) 属性。当访问未知的对象属性时,Python 解释器会抛出 AttributeError 异常。

(7) IndexError:索引越界。

示例代码

```
a=[1,2,3,4]
print(a[5])
```

运行结果

```
Traceback(most recent call last):
  File "H:\Python\课本案例\第 9 章\例 9-2.py",line 23,in<module>
    print(a[5])
IndexError: list index out of range
```

上述代码中,列表 a 的索引最大值为 3,访问索引为 5 的元素,因此,Python 解释器抛出索引超出范围的异常。这表明当访问的索引超出有序序列对象的索引范围时,Python 解释器会自动抛出 IndexError 异常。

(8) KeyError:在字典中查找不存在的关键字。

示例代码

```
a={'name':'zhangsan','sex':'male'}
print(a['age'])
```

运行结果

```
Traceback(most recent call last):
  File "H:\Python\课本案例\第 9 章\例 9-2.py",line 25,in<module>
    print(a['age'])
KeyError:'age'
```

上述结果表明,当在字典 a 中访问不存在的'age'键时,Python 解释器会自动抛出 KeyError 异常。

9.3 异常捕获和处理

微课:异常捕获和处理

通过例 9-2,可以了解到,当程序中的代码出现错误时,Python 解释器会自动抛出相应的异常信息,并阻断代码的继续运行。然而,为了确保程序具有很强的健壮性,用户希望程序在遇到异常的情况下仍能继续运行或者给出“友好”的提示,这就需要在编写程序时就考虑周全,对可能会出现的异常进行处理。例 9-1 简单介绍了用于异常捕获和处理的结构 try... except...finally。

该结构的执行流程为:首先,程序尝试运行 try...except 中的语句块;其次,如果语句块未出错,程序就正常执行,反之,若语句块出错,则 Python 解释器自动抛出异常,并匹配相应的 except 语句块对异常进行处理,如果无法匹配,则由 Python 解释器根据错误捕获和处理异常,程序将运行崩溃;最后,如果程序存在 finally 语句,那么无论 try...except 中的语句块是否出现异常,都会执行 finally 语句,以确保程序能继续运行。实际上,除 try...except...finally 之外,Python 还提供了多种不同形式的异常处理结构,例如 try...except、try...except...else 等,这些结构的运行机制一致。

9.3.1 try...except

1. 捕获单个异常

捕获单个异常的格式如下:

```
try:
    #可能产生异常的语句块
except Exception:        #Exception 指的是具体捕获的异常名称(处理异常的语句块)
```

该结构类似于分支结构,程序先执行 try 子句中可能产生异常的语句块,如果没有产生异常,就跳转到 except 子句之后,继续往下执行其他代码;如果产生异常,则被 except 子句捕获并执行处理异常的语句块;如果 try 子句中产生的异常没有相应的 except 子句捕获,那么程序运行将终止运行并把异常信息展现给用户。

例 9-3　设计剪刀石头布猜猜猜游戏。游戏规则:设计一个字典 guest={'2':'剪刀','5':'石头','8':'布'},用户通过输入任意一个数字,尝试猜测手型。如果输入的是字典 guest 里的键,则输出对应的值,例如输入数字“2”,则输出“剪刀”;如果输入的不是字典 guest 里的键,则引发异常,并输出“很遗憾,没猜中”。直到按〔Q〕键结束。

参考代码

```
guest={'2':'剪刀','5':'石头','8':'布'}
while True:
    n=input('请任意输入一个数字:')
    try:
        result=guest[n]
        print(result)
```

```
    except KeyError:
        print("很遗憾,没猜中")
    if n.upper()=='Q':
        break
```

运行结果

程序运行结果如图 9-2 所示。

```
==================== RESTART: G:\Python\课本案例\第9章\例9-3.py
请任意输入一个数字: 2
剪刀
请任意输入一个数字: 4
很遗憾, 没猜中
请任意输入一个数字: Q
很遗憾, 没猜中
>>>
```

图 9-2　例 9-3 程序运行结果

程序分析

在上述程序的 while 循环结构中,将输入的数字存放到变量 n 中,以 n 值为键,尝试访问 guest 字典,如果键存在,则能顺利访问并打印访问结果;反之,则抛出 KeyError 异常,通过 except 子句捕获并打印“很遗憾,没猜中”。按〔Q〕键结束循环,退出程序。

2. 针对不同的异常设置多个 except 语句

针对不同的异常设置多个 except 语句的格式如下:

```
try:
    #可能产生异常的语句块
except Exception_1:
    #处理异常的语句块 1
except Exception_2:
    #处理异常的语句块 2
except Exception_3:
    #处理异常的语句块 3
...
except Exception_n:
    #处理异常的语句块 n
```

该结构的执行流程为,尝试执行可能产生异常的语句块,如果未出现异常,则跳转到 except 子句之后,继续往下执行其他代码;如果产生异常,则跳转到对应的 except 异常处理子句将特定的异常捕获并处理。该处理机制类似于多分支选择结构,如果 try 子句中发生异常,那么程序就自上而下依次匹配 except 子句。一旦某个 except 子句捕获到异常,那么其他的 except 子句将不再尝试。也就是说,程序每次运行只能捕获到一种异常。

例 9-4　通过索引查找水果。

参考代码

```
a=['苹果','香蕉','脐橙','橘子']
try:
    n=int(input('请输入索引查找水果:'))
    print(a[n])
except IndexError:
    print('索引超出范围,查找不到')
except ValueError:
    print('输入的不是数字')
```

运行结果

程序运行结果如图 9-3 所示。

```
==================== RESTART: G:\Python\课本案例\第9章\例9-4.py
请输入索引查找水果: 0
苹果
>>>
==================== RESTART: G:\Python\课本案例\第9章\例9-4.py
请输入索引查找水果: 4
索引超出范围, 查找不到
>>>
==================== RESTART: G:\Python\课本案例\第9章\例9-4.py
请输入索引查找水果: a
输入的不是数字
>>>
```

图 9-3　例 9-4 程序运行结果

程序分析

此程序类似于多分支选择结构,列表 a 的索引范围为 0~3,索引如果超过该范围,将引发 IndexError 异常,则被第一个 except 捕获;如果输入的不是 int 型数字,将引发 ValueError 异常,则被第二个 except 捕获。

3. 多个异常统一处理

如果想要将程序可能引发的多个异常进行统一处理,可以将异常名称放在一个元组中,格式如下:

```
try:
    #可能产生异常的语句块
except(Exception_1,Exception_2,Exception_3,...Exception_n):
    #统一处理异常的语句块
```

例 9-5　例 9-4 的程序代码可以按照上述格式进一步简化,将 IndexError 和 ValueError 统一处理。

参考代码

```
a=['苹果','香蕉','脐橙','橘子']
```

```
try:
    n=int(input('请输入索引查找水果:'))
    print(a[n])
except(IndexError,ValueError):
    print('无法检索,请检查原因!')
```

运行结果

程序运行结果如图 9-4 所示。

```
==================== RESTART: G:\Python\课本案例\第9章\例9-5.py
请输入索引查找水果: 5
无法检索, 请检查原因!
>>>
==================== RESTART: G:\Python\课本案例\第9章\例9-5.py
请输入索引查找水果: a
无法检索, 请检查原因!
>>>
```

图 9-4　例 9-5 程序运行结果

从上述实例运行结果可以看出,无论是捕获到哪种异常,处理信息都是统一给出的,这样不便于区分引发异常的错误类型,因此,无法从报错信息中获得有效信息。使用“except error_type as errorname:”形式可以十分便捷地打印系统反馈的错误信息。

例 9-6　捕获系统反馈的异常信息。

参考代码

```
a=['苹果','香蕉','脐橙','橘子']
try:
    n=int(input('请输入索引查找水果:'))
    print(a[n])
except(IndexError,ValueError) as error:
    print('无法检索,请检查原因!'+str(error))
```

运行结果

运行程序,输入 5 和 a 后,结果如图 9-5 所示。

```
==================== RESTART: G:\Python\课本案例\第9章\例9-6.py =
请输入索引查找水果: 5
无法检索, 请检查原因! list index out of range
>>>
==================== RESTART: G:\Python\课本案例\第9章\例9-6.py =
请输入索引查找水果: a
无法检索, 请检查原因! invalid literal for int() with base 10: 'a'
>>>
```

图 9-5　例 9-6 程序运行结果

程序分析

由例 9-6 可以看出,一旦出现 IndexError 和 ValueError 中的任意一种异常,程序都将系统反馈的异常描述信息存储到变量 error 中，然后打印输出。except 子句捕获到不同的异常会给用户呈现不同的 error 信息，便于发现错误原因。

4. 捕获所有异常

当无法确定 try 子句中可能发生哪一种异常时，用户只希望遇到的任何异常都能被处理。在这种情况下，可以在 except 语句中不指定异常类型。

例 9-7　捕获所有异常。

参考代码

```
a=['苹果','香蕉','脐橙','橘子']
try:
    n=int(input('请输入索引查找水果:'))
    print(a[n])
except:
    print('无法检索,请检查原因!')
```

运行结果

程序运行结果如图 9-6 所示。

```
==================== RESTART: G:\Python\课本案例\第9章\例9-7.py
请输入索引查找水果: 5
无法检索, 请检查原因!
>>>
==================== RESTART: G:\Python\课本案例\第9章\例9-7.py
请输入索引查找水果: a
无法检索, 请检查原因!
```

图 9-6　例 9-7 运行结果

程序分析

虽然例 9-7 的运行结果与例 9-6 类似，但与例 9-6 不同的是，例 9-6 只能捕获代码中特定的两种异常，而例 9-7 能捕获所有异常。然而，无论遇到哪种异常，都只打印统一的指定信息“无法检索，请检查原因！”。

由 Python 内置的异常类层次结构（图 9-1）中可知，所有异常的基类都是 Exception。因此，使用“except Exception:”形式，可以将所有异常捕获。为了便于区分不同的错误信息，仍然可以使用 as 获取系统反馈的异常描述信息并打印输出。

例 9-8　使用 Exception 捕获所有异常。

参考代码

```
a=['苹果','香蕉','脐橙','橘子']
try:
    n=int(input('请输入索引查找水果:'))
    print(a[n])
except Exception as error:
    print('无法检索,请检查原因!'+str(error))
```

运行结果

程序运行结果如图 9-7 所示。

```
==================== RESTART: G:\Python\课本案例\第9章\例9-8.py =
请输入索引查找水果: 5
无法检索, 请检查原因! list index out of range
>>>
==================== RESTART: G:\Python\课本案例\第9章\例9-8.py =
请输入索引查找水果: a
无法检索, 请检查原因! invalid literal for int() with base 10: 'a'
>>>
```

图 9-7　例 9-8 运行结果

5. 捕获异常的顺序

except 语句可以捕获和处理指定的异常类,因此又称为异常筛选器。由于处理不同异常的 except 块可以串联在一起,而且系统将自动按自上而下的顺序匹配引发的异常,所以,如果匹配到引发的异常筛选器类型或其子类,则执行相应的 except 子句,反之,则继续匹配下一个 except 处理块。这就要求,用户需要将派生程度最高(也就是最具体的)异常类的 except 块放在最前面。

例 9-9　异常类按顺序匹配实例:求 1~100 的和。

参考代码

```
sum=0
i=1
try:
    for i in range(1,101):
        sum=sun+i
    print(sum)
except Exception:
    print('出错啦!')
except NameError:
    print('变量 sum 拼写错误!')
```

运行结果

程序运行结果如图 9-8 所示。

```
==================== RESTART: G:\Python\课本案例\第9章\例9-9.py
出错啦!
>>>
```

图 9-8　例 9-9 运行结果

程序分析

在上述程序的 try 子句中,代码引发的是 NameError 异常。由于 Exception 是所有异常类的父类,所以异常只能被第一个 except 块捕获,在第二个 except 块永远无法捕获,也就无法打印“变量 sum 拼写错误！”。故在该实例中，应把最具体的异常捕获语句块放在最前面。

9.3.2　try...except...[else]

程序运行过程中，可能会抛出异常，也可能不会抛出异常。为了使这两种情况得到的结果不同，在 try...except 结构的后面还可以加入一个可选的 else 块，在 try 子句没有出现任何异常时执行。注意，else 块必须放在所有的 except 块后面。try...except...else 结构的语法格式如下：

```
try:
    #可能引发异常的语句块
except Exception[as e]:
    #处理异常的语句块
else:
    #try 子句未发生异常时执行的语句块
```

例 9-10　try...except...else 结构实例：求某数的倒数。

参考代码

```
def test(x):
    y=1.0/x
    return y
try:
    n=float(input('请输入一个数:'))
    m=test(n)
except Exception as e:
    print(str(e))
else:
    print(m)
```

运行结果

运行程序，分别输入 0、a 和 2，得到的结果如图 9-9 所示。

```
==================== RESTART: G:\Python\课本案例\第9章\例9-10.py
请输入一个数：0
float division by zero
>>>
==================== RESTART: G:\Python\课本案例\第9章\例9-10.py
请输入一个数：a
could not convert string to float: 'a'
>>>
==================== RESTART: G:\Python\课本案例\第9章\例9-10.py
请输入一个数：2
0.5
>>>
```

图 9-9　例 9-10 运行结果

程序分析

用户输入“0”后，由于除数为 0，将引发 ZeroDivisionError 异常，except 块捕获并处理该异常，打印该异常描述信息“float division by zero”。同理，输入“a”后，除数并非数字，将引发 ValueError 异常，由 except 块捕获处理后打印描述信息“could not convert string to float: 'a'”。而输入“2”后，try 子句没有引发任何异常，则将执行 else 子句，打印计算结果。

9.3.3 try...except...[else]...finally

try...except...[else]...finally 结构在上述结构的基础上继续增加了 finally 子句，该子句的作用是无论程序代码是否会引发异常，最后都会被执行，以确保程序不会中断。若 try 子句引发异常，先按顺序匹配执行对应的 except 子句，然后再执行 finally 子句；若没有引发异常，则跳过所有 except 子句，直接执行 else 子句（可选）和 finally 子句。

例 9-11　try...finally 实例。

参考代码

```
try:
    a=1/0
    print(a)
finally:
    print('程序继续运行')
```

运行结果

程序运行结果如图 9-10 所示。

```
==================== RESTART: G:\Python\课本案例\第9章\例9-11.py
程序继续运行
Traceback (most recent call last):
  File "G:\Python\课本案例\第9章\例9-11.py", line 2, in <module>
    a=1/0
ZeroDivisionError: division by zero
>>>
```

图 9-10　例 9-11 运行结果

程序分析

在上述程序中，使用了 try...finally 结构，既没有 except 子句，也没有 else 子句。在代码中尝试执行“a=1/0”，除数为 0，引发 ZeroDivisionError 异常，但没有匹配对应的 except 块进行捕获，系统自动执行 finally 子句。通过运行结果可以发现，先打印的结果是“程序继续运行”，而后才是零除异常描述信息。这说明如果代码中没有 except 子句处理捕获到的异常，那么程序将执行完 finally 子句后再根据相应的错误自动处理遇到的异常。

思考：例 9-11 中，如果将代码“a=1/0”改为“a=1/2”，那么程序的运行结果是什么呢？

例 9-11 中使用的是 try...finally 结构，下面再介绍一个使用 try...except...finally 结构的实例。

例 9-12　文件操作：读取文件“1. txt”中的文本行数（文件中写有两行内容）。

参考代码

```
try:
    file=open('1.txt','r')
    print(len(file.readlines()))
except:
    print('文件不存在')
finally:
    print('运行结束')
file.close()
```

运行结果

当文件“1. txt”存在时，程序运行结果如图 9-11 所示。

```
==================== RESTART: G:\Python\课本案例\第9章\例9-12.py
2
运行结束
>>>
```

图 9-11　例 9-12 程序运行结果

如果在案例文件夹下删除“1. txt”，即文件不存在，再次运行例 9-12，此时的运行结果如图 9-12 所示。

```
==================== RESTART: G:\Python\课本案例\第9章\例9-12.py
文件不存在
运行结束
Traceback (most recent call last):
  File "G:\Python\课本案例\第9章\例9-12.py", line 8, in <module>
    file.close()
NameError: name 'file' is not defined
>>>
```

图 9-12　删除文件“1. txt”后例 9-12 程序的运行结果

程序分析

上述程序的运行结果表明，当文件“1. txt”存在时，打印行数并且没有引发异常，因此直接跳过 except 块执行 finally 子句，打印“运行结束”并关闭文件。如果文件不存在，则无法打开文件，引发异常（该异常为 FileNotFoundError），异常被 except 块捕获并处理，打印“文件不存在”的提示信息；最后程序继续向下执行 finally 子句，由于文件不存在，因此变量 file 无法创建，也就无法执行文件关闭指令，产生 NameError 异常。在本例中，值得注意的是，except 块处理完异常后并非绝对安全，因为 finally 子句也有可能引发异常。

9.4　通过 raise 语句抛出异常

微课：通过 raise 语句抛出异常

9.4.1　使用异常名或异常类实例引发异常

通过上述对异常的介绍可知，大部分由程序错误引起的异常都是通过 Python 解释器自动抛出的。在程序中,如果要判断某种可能的错误情况,可以创建相应的异常类对象,通过 raise 语句主动抛出,其基本语法格式如下:

```
raise 异常名称('自定义异常描述')
```

其中,"自定义异常描述"可缺省,表示仅指定异常名,Python 会创建该类的实例对象,然后抛出异常。若给该异常类添加自定义的异常描述信息,则在异常捕获和处理后显示该描述信息。

示例代码

```
raise TypeError('类型错误')
```

运行结果

```
Traceback(most recent call last):
  File "<pyshell#0>",line 1,in<module>
    raise TypeError('类型错误')
TypeError: 类型错误
```

下面通过实例来说明 raise 语句的用法。

例 9-13 检测输入的字符串是否是纯数字,如果是,则传入 int( ) 函数并加 2 输出结果;如果不是,那么抛出一个 TypeError 异常,提示信息为"输入的数据为非数字类型的字符串!"。

参考代码

```
a=2
try:
    b=input('请输入一个数值:')
    if b.isdigit():                   #判断是否为纯数字
        print(a+int(b))                  #将 b 值传入 int()函数并加 2 输出
    else:
        raise TypeError('输入的数据为非数字类型的字符串!')
except TypeError as t:
    print(t)
```

运行结果

程序运行结果如图 9-13 所示。

```
==================== RESTART: G:\Python\课本案例\第9章\例9-13.py
请输入一个数值: 3
5
>>>
==================== RESTART: G:\Python\课本案例\第9章\例9-13.py
请输入一个数值: hello
输入的数据为非数字类型的字符串!
>>>
```

图 9-13　例 9-13 程序运行结果

9.4.2 传递异常

例 9-13 中，捕获到异常后，还可以通过在 except 子句中使用不带参数的 raise 语句重新引发异常（传递异常），由于接下来程序不再匹配 except 处理该异常，所以程序会崩溃并向用户显示报错信息。

例 9-14　使用不带参数的 raise 语句修改例 9-13 的程序代码。

参考代码

```
a=2
try:
    b=input('请输入一个数值:')
    if b.isdigit():                    #判断是否为数字
        print(a+int(b))               #将 b 值传入 int()函数并加 2 输出
    else:
        raise TypeError('输入的数据为非数字类型的字符串!')
except TypeError:
    raise
```

输入字符串"hello"后，运行结果如下：

```
Traceback(most recent call last):
  File "H:\Python\课本案例\第 9 章\例 9-14.py",line 7,in<module>
    raise TypeError('输入的数据为非数字类型的字符串!')
TypeError: 输入的数据为非数字类型的字符串!
```

程序分析

在键盘上输入字符串类型的数据（此时无法确定是否是数字类型的字符串），判断输入的字符串是否是数字：如果是，那么将其传入 int()函数，变成 int 型数据，并加 2 输出；如果不是，那么创建相应的 TypeError 异常对象，并自定义描述信息“输入的数据为非数字类型的字符串!”，通过 raise 语句主动抛出。Python 解释器匹配到相应的 except 异常处理程序，打印异常描述信息。

注意：如果 raise 语句不放在 try...except 结构中，该程序会终止，并显示异常出错信息。因此，用户通常会另外定义一个函数并将 raise 语句放入其中，然后在 try...except 结构中调用该函数，用于检查传入的参数是否满足要求，不满足则抛出异常。

9.5 用户自定义异常

微课：用户自定义异常

Python 异常分为两种：一种是系统内置的异常，当出现某些错误时系统自动触发；另一种是用户自定义异常，即用户根据特定需求定义的异常。由于 Exception 类是所有异常类的父类，因此用户自定义异常类需要从 Exception 类继承。

例 9-15 用户在键盘上不断输入整数，将其追加到列表中，先打印该列表，后将已输入的整数求和，若输入的是负数，则抛出异常。

参考代码

```
#用户自定义异常类
class MinusError(Exception):
    def _init_(self,num,msg):
        self.num=num
        self.msg=msg
#定义函数，用于求列表中元素的和并判断是否有负数
def f():
    a=[]
    s=0
    while True:
        num=int(input('请输入下一个加数:'))
        a.append(num)
        print('列表 a:',a)
        if num<0:
raise MinusError(num,'为负数，不能求和')
break                                          #退出循环
        s=s+num
        print('列表元素的和为:% d'% s)
#异常处理
try:
    f()
except MinusError as m:
    print('MinusError:% d% s'% (m.num,m.msg))
```

运行结果

运行程序，任意输入几个数字，得到的结果如图 9-14 所示。

```
==================== RESTART: G:\Python\课本案例\第9章\例9-15.py
请输入下一个加数: 1
列表a:  [1]
列表元素的和为: 1
请输入下一个加数: 4
列表a:  [1, 4]
列表元素的和为: 5
请输入下一个加数: 6
列表a:  [1, 4, 6]
列表元素的和为: 11
请输入下一个加数: -3
列表a:  [1, 4, 6, -3]
MinusError: -3为负数, 不能求和
>>>
```

图 9-14 例 9-15 运行结果

程序分析

由于 Python 中没有判断某个数是否为负数的异常类，所以本程序自定义了一个 MinusError 异常类，用于在输入负数时触发该异常。此外，在上述程序中还定义了一个 f( ) 函数，其功能为每次输入一个整数，并将该数追加到列表 a 中，然后检查该数是否为负数，若非负数，则累加，并输出累加和，否则抛出 MinusError 异常。在 try 子句中调用 f( ) 函数，捕获并处理 MinusError 异常。

9.6 断言处理

微课：
断言处理

9.6.1 断言处理概述

在调试程序阶段，程序员需要跟踪变量或表达式的值是否正常。Python 提供了多种方法，例如，通过 print( ) 函数直接打印输出值，也可以通过设置断点跟踪调试查看变量值，等等。相较而言，采用断言处理则更加灵活、高效。

断言一般在开发调试程序时使用，旨在确保程序的正确性。

9.6.2 assert 语句

assert 语句又叫断言，后接逻辑表达式。assert 语句的基本语法如下：

```
assert 逻辑表达式[,异常描述]
```

如果在某个特定点逻辑表达式的值为 True，则程序正常运行；反之，抛出 AssertionError 异常，并使用该表达式后的异常类描述信息。因此，在逻辑上等效于：

```
if not 逻辑表达式:
    raise AssertionError(异常类描述信息)
```

例如：

```
s=-2
assert s>0,'s 必须为正数'
```

在此例中，定义了变量 s 的值为-2，接着使用 assert 语句断言 s 必须为正数。因此，运行程序后出现如下提示：

```
Traceback(most recent call last):
  File "H:\Python\课本案例\第 9 章\assert.py",line 2,in<module>
    assert s>0,'s 必须为正数'
AssertionError: s 必须为正数
```

需要注意的是，assert 断言并非捕获内在的程序设计错误，而是用来收集用户定义的约束条件。以下通过一个实例来说明。

例 9-16　assert 语句的使用。

参考代码

```
#剪刀石头布游戏:由两位玩家通过输入数字(1 表示剪刀,2 表示石头,3 表示布)来定输赢
while True:
    try:
        p1=int(input("p1 输入(1~3 中的一个整数):"))
        p2=int(input("p2 输入(1~3 中的一个整数):"))
#断言 p1 和 p2 玩家输入的数字是 1 或 2 或 3,否则抛出异常
        assert(p1==1 or p1==2 or p1==3)and(p2==1 or p2==2 or p2==3),'必须输入 1~3 中的任一整数!'
        if p1==1:
            if p2==1:
                print("平局")
            elif p2==2:
                print("玩家 2 赢了")
            else:
                print("玩家 1 赢了")
        elif p1==2:
            if p2==1:
                print("玩家 1 赢了")
            elif p2==2:
                print("平局")
            else:
                print("玩家 2 赢了")
        else:
            if p2==1:
                print("玩家 2 赢了")
            elif p2==2:
                print("玩家 1 赢了")
            else:
                print("平局")
    except Exception as r:
        print("发生异常:",r)
        break
```

运行结果

程序运行结果如图 9-15 所示。

```
==================== RESTART: G:\Python\课本案例\第9章\例9-16.py
p1输入(1~3中的一个整数): 1
p2输入(1~3中的一个整数): 2
玩家2赢了
p1输入(1~3中的一个整数): 1
p2输入(1~3中的一个整数): 3
玩家1赢了
p1输入(1~3中的一个整数): 2
p2输入(1~3中的一个整数): 4
发生异常:  必须输入1~3中的任一整数!
>>>
```

图 9-15　例 9-16 运行结果

程序分析

在上述程序中,异常处理的整个过程都在 while 循环内部执行。首先,在 try 子句中,通过键盘获取玩家 1(p1)和玩家 2(p2)输入的整数。其次断言 p1 和 p2 的值是 1、2 或 3,如果玩家输入 1、2、3 以外的数字,则引发 AssertionError 异常,从而被 except 子句捕获并输出提示信息。最后退出循环,结束程序。

9.7 综合案例

9.7.1 批量成绩平均值计算

例 9-17　编写一个函数,接受用户输入的一串以逗号分隔的成绩(字符串形式),计算并打印这些成绩的平均值。程序需要捕获并处理以下异常:非数字格式(ValueError)和空输入导致的零除异常(ZeroDivisionError)。

参考代码

```
def compute_average(scores_str):
    try:
        scores=[float(x) for x in scores_str.split(',')]
        avg=sum(scores)/len(scores)
    except ValueError as e:
        print("输入错误:请确保所有成绩都是数字!{}".format(e))
    except ZeroDivisionError:
        print("输入错误:至少需要一个成绩才能计算平均值!")
    else:
        print("平均成绩为:{:.2f}".format(avg))
    finally:
        print("程序结束。\n")
```

运行结果

```
平均成绩为:85.00
程序结束。

输入错误:请确保所有成绩都是数字! could not convert string to float:'abc'
程序结束。

输入错误:至少需要一个成绩才能计算平均值!
程序结束。
```

程序分析

本例中要求将用户输入的逗号分隔字符串拆分并转换为浮点数列表。在上述程序中,ValueError 捕获非数字格式;ZeroDivisionError 捕获空输入导致的零除异常。else 只在无异常时打印平均值,finally 表示无论如何都执行结束提示。

9.7.2 账户提现

例 9-18 设计一个程序模拟账户提现操作。初始余额为 100，每次输入提现金额后判断余额是否充足：如果提现金额大于余额，则主动抛出自定义异常 InsufficientFundsError 并终止交易；否则从余额中扣除提现金额并打印剩余余额。

参考代码

```
#自定义异常
class InsufficientFundsError(Exception):
    pass

def withdraw(balance,amount):
    if amount>balance:
        raise InsufficientFundsError(
            "余额不足:当前余额 {},提现请求 {}".format(balance,amount)
        )
    return balance - amount

balance=100
#模拟三次提现操作
for request in [30,50,40]:
    try:
        balance=withdraw(balance,request)
    except InsufficientFundsError as e:
        print("交易失败:{}".format(e))
        break
    else:
        print("提现 {} 成功,剩余余额:{}".format(request,balance))
```

运行结果

```
提现 30 成功,剩余余额:70
提现 50 成功,剩余余额:20
交易失败:余额不足:当前余额 20,提现请求 40
```

程序分析

在上述程序中，定义了自定义异常 InsufficientFundsError，用于在余额不足时主动抛出异常。withdraw( )函数判断提现金额是否大于余额，若是，则通过 raise 抛出异常，否则返回扣除后的余额。

在主流程中，使用 try... except... else 结构依次模拟多次提现操作，一旦遇到余额不足情况，捕获异常后终止循环并打印错误信息。

本章总结

本章主要围绕 Python 异常展开，通过学习，读者应掌握以下知识点。

（1）异常：一般是指程序运行时发生的错误，包含语法错误、命名错误、类型错误等。

（2）常见 Python 异常类：了解 Exception 基类和其他异常类的父子继承关系，重点需要掌握常见的异常类的触发机制。

（3）Python 异常处理结构：Python 使用 try...except 语句进行异常的检测和处理，try 子句中的代码引发的异常被 except 子句捕获后，程序执行 except 子句中的代码块。读者需着重理解多异常处理方式，即针对不同的异常可设置多个 except 子句，也可对多个异常统一进行处理。

（4）else 子句：异常处理结构中可以加入 else 子句。当 try 子句中的代码没有出现任何异常时，执行 else 子句。

（5）finally 子句：一般用于保证程序引发异常时执行流程不被中断。无论 try 子句中的代码是否会引发异常，都会执行 finally 子句中的代码。

（6）使用 raise 语句抛出异常：用户可通过 raise 语句抛出一个指定的异常和生成异常对象。raise 语句一般在 try 子句的内部，避免程序运行时崩溃。

（7）用户自定义异常：用户可以因特殊需求而自定义某种异常类，并通过 raise 语句抛出。

（8）使用 assert 语句进行断言处理：程序员确信在程序的某个特定点某个表达式的值为真，如果为假，则抛出 AssertionError 异常。断言处理格式：assert 逻辑表达式[，异常描述]。

通过学习本章知识，用户须明白，无论是多么有经验的程序员，在编写代码的时候都难免会出现错误，当程序越来越复杂时，出现错误的概率也越大。纵然用户通过调试将错误排除，程序在运行过程中仍然会存在一些不可预知的异常。人的一生如同程序运行，需要不断地调试纠偏，如果程序运行终止，就需要重新编程迭代，这就考验用户的及时止损能力，避免情绪化投资陷阱。

课后习题

一、选择题

1. 下列有关异常的说法中正确的是（　　）。

A. 程序中抛出异常终止程序　　B. 程序中抛出异常不一定终止程序

C. 拼写错误会导致程序终止　　D. 缩进错误会导致程序终止

2. 下列程序运行后，会产生（　　）异常。

```
print(1/0)
```

A. SyntaxError　　B. ValueError

C. ZeroDivisionError　　D. NameError

3. 下列异常表示 Python 中语法错误的是（　　）。

A. SyntaxError　　B. ValueError

C. ZeroDivisionError　　D. NameError

4. 关于 try...except 结构，下列选项中描述错误的是（　　）。

A. 该结构类似于分支结构

B. 该结构用于对异常的捕获和处理

C. 使用了该结构，程序将不再出错

D. TypeError 是一种异常类型

5. 在某种特殊情况下，Python 中可以创建一个异常对象，并通过（　　）语句抛出。

A. try　　B. except　　C. assert　　D. raise

6. 在 Python 中，执行代码 print(1+'a')，解释器将抛出（　　）异常。

A. NameError　　B. ValueError　　C. TypeError　　D. SyntaxError

7. 在 Python 程序中，创建一个字典 Info = {'name': 'Zhangsan', 'age': '18'}，如果语句中使用 Info['sex']，那么解释器将抛出（　　）异常。

A. NameError　　B. KeyError

C. IndexError　　D. SyntaxError

8. 下列选项中，说法错误的是（　　）。

A. 无论程序是否捕获到异常，finally 子句始终会执行

B. try 子句中的代码引发异常后，except 一定会捕捉到异常

C. 当 try 子句中的代码没有引发任何异常时，一定不会执行 except 子句

D. 使用 raise 语句抛出的异常可以不指定描述信息

9. 下列对以下程序描述错误的是（　　）。

```
try:
    #语句块 1
except  IndexError as i:
    #语句块 2
```

A. 该程序对异常处理了，因此一定不会终止程序

B. 该程序对异常处理了，不一定不会因异常引发终止

C. 语句块 1 如果抛出 IndexError 异常，不会因为异常终止程序

D. 语句块 2 不一定会执行

10. 有如下程序：

```
try:
     number=int(input("请输入数字:"))
     print("number:",number)
     print("=====hello=====")
except Exception as e:
     #报错错误日志
     print("打印异常详情信息: ",e)
else:
     print("没有异常")
finally:#关闭资源
     print("finally")
print("end")
```

运行上述程序，用户输入 1a，结果是（　　）。

A.

```
number: 1
打印异常详情信息: invalid literal for int() with base 10:
finally
end
```

B.

```
打印异常详情信息: invalid literal for int() with base 10:
finally
end
```

C.

```
=========hello=============
打印异常详情信息: invalid literal for int() with base 10:
finally
end
```

D. 以上都正确

二、填空题

1. Python 中,________是所有异常类的父类。

2. Python 语言采用结构化的异常处理机制。在程序运行过程中,通过________子句来定义代码块,以运行可能引发异常的代码;通过________子句捕获特定异常并进行相应处理;________子句能确保程序即使产生异常也会被执行。

3. 执行以下程序代码,会抛出________异常。

```
print(b)
```

4. 当使用列表中不存在的索引时,会引发________异常。

5. ________语句叫作断言,当断言条件不满足时,会引发________异常。

6. 同一程序可能会产生多种异常,可用________子句进行统一处理。

三、编程题

1. 输入两个数,做减法运算。用异常处理以下情形:若第一个数小于第二个数,则抛出 BaseException 异常,并输出"被减数不能小于减数";用户必须输入整数,若输入的是非整型数据,则抛出 ValueError 异常,并输出"不能输入非整型数据!"

2. 定义函数 func(filepath),其中 filepath 为文件路径。该函数功能:打开文件,如果文件存在,则提示"文件打开成功!",并且输出文件中的内容;如果文件不存在,则利用异常处理,输出"文件不存在",然后创建一个新的同名文件并关闭。

3. 从键盘输入一串身份证号码,使用 assert 语句检验身份证号码是否为 18 位和该号码拥有者是否为闰年出生的人。如果不是 18 位,则提示"您输入的身份证号码不是 18 位";如果不是闰年,则提示"请确保出生年份是闰年";如果同时满足这两个条件,则输出身份证号码。

4. 输入两个数,计算这两个数的乘积。用异常处理以下情形:(1)用户自定义一个异常类,如果输入的数为负数,那么抛出异常,并提示"输入的数为负数";(2)若输入的并非数字,则由系统自动处理。

第10章 Python自动化办公

本章导读

在前面的章节中,读者系统地学习了 Python 的主要内容,具备了利用 Python 编写简单程序的能力。本章将聚焦如何将学到的知识应用于具体情境。对于大量的重复性的工作,如果只依靠人工往往会耗费大量的时间,借助 Python 编程,可以批量自动化完成这些操作,起到事半功倍的效果。

本章主要讨论如何利用 Python 实现自动化办公,包括处理 Excel 表格、Word 文档、PPT 文件等内容。

学习目标

- 理解 Python 自动化办公的基本操作流程。
- 掌握通过 xlrd、xlwt、openpyxl、xlutils、Pandas 库进行数据读写编辑的方法。
- 掌握运用 python-docx 库进行解析和处理数据的方法。
- 掌握运用 python-ppt 库进行解析和处理数据的方法。

学习导航

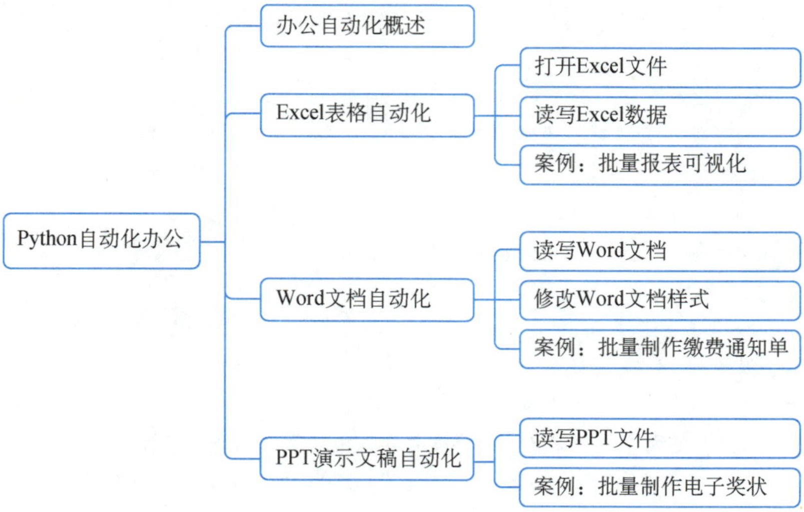

10.1 办公自动化概述

办公自动化是一种将现代化办公和计算机技术结合起来的新型的办公方式。办公自动化没有统一的定义，凡是在传统的工作中采用各种新技术、新机器、新设备从事办公业务，只要有助于提高工作效率，简化工作流程，就属于办公自动化的范围。

Python 作为一种跨平台的计算机程序设计语言，最初被设计用于编写自动化脚本(shell)。随着其版本的不断更新和语言新功能的添加，越来越多地被用于独立的、大型项目的开发。

Python 中有强大的内置库和丰富的第三方库，几乎任何功能都可以利用 Python 快速、高效地解决，因此，Python 逐渐成为办公自动化的首选。

简而言之，Python 办公自动化就是通过 Python 编写程序来解决办公过程中所遇到的问题。

想象以下场景：

(1) 需要统计 1 000 个 Excel 文件中的数据；

(2) 打开一份包含超过 100 000 条数据的 Excel 文件进行数据统计；

(3) 根据已有数据快速制作大量图表并插入 PPT；

(4) 对于已经完成的 1 000 份 Word 文件，如果公司名称变更，需要批量更改。

对于上述工作场景，如果不通过编程的方式，而是通过人工操作修改一条条数据、一个个文件，会既费时又费力。而使用了 Python 编程后，以上场景需求很可能只需要短短几行代码就能快速完成。

Python 提供了许多自动化办公相关的库。其中，在 Excel 表格方面有 xlrd、xlwt、xlutils、openpyxl、Pandas 等；在 Word 文档方面有 python-docx；在 PPT 文件方面有 python-pptx 等。

10.2 Excel 表格自动化

本节主要讨论如何利用 Pyhon 实现 Excel 表格的自动化操作，将使用多个 Python 第三方库，因此需要提前通过 pip 命令来进行安装。安装 Python 第三方库的命令如下：

```
pip  install  xlrd
pip  install  xlwt
pip  install  xlutils
pip  install  xlopenpyxl
pip  install  pandas
```

在“命令提示符”窗口中执行“pip install openpyxl”命令即可在线安装 Excel 第三方库 openpyxl。若显示“Successfully installed openpyxl”，则说明安装成功。安装成功的界面如图 10-1 所示。

```
C:\Users\Administrator>pip install openpyxl
Collecting openpyxl
  Downloading https://files.pythonhosted.org/packages/95/8c/83563c60489954e5b80f9e2596b93a68e1ac4e4a730deb1aae632066d70
/openpyxl-3.0.3.tar.gz (172kB)
    100% |████████████████████████████████| 174kB 655kB/s
Requirement already satisfied: jdcal in c:\programdata\anaconda3\lib\site-packages (from openpyxl)
Requirement already satisfied: et_xmlfile in c:\programdata\anaconda3\lib\site-packages (from openpyxl)
Building wheels for collected packages: openpyxl
  Running setup.py bdist_wheel for openpyxl ... done
  Stored in directory: C:\Users\Administrator\AppData\Local\pip\Cache\wheels\b5\85\ca\e768ac132e57e75e645a151f8badac71c
0089e7225dddf76b
Successfully built openpyxl
Installing collected packages: openpyxl
Successfully installed openpyxl-3.0.3
You are using pip version 9.0.1, however version 20.0.2 is available.
You should consider upgrading via the 'python -m pip install --upgrade pip' command.
```

图 10-1　openpyxl 库安装成功

10.2.1　打开 Excel 文件

想要通过程序来实现自动化处理 Excel 文件，首先需要解决读写 Excel 文件数据的问题。使用 openpyxl 库打开 Excel 文件很简单，只需要调用 load_workbook( )函数即可。

例如，小王是一名编辑，他将出版信息保存在一个名为“book. xlsx”的文件中，部分数据如图 10-2 所示。

	A	B	C	D	E	F
1	出版信息					
2	书名	作者	出版社	类别	字数(千)	印数(册)
3	我国的社会主义经济制度	肖尉云	杨柳出版社	政治	7	140000
4	行星地球的固体潮	梅尔基奥尔	春风出版社	科技	36	3000
5	狄金森诗钞	狄金森	舜尧出版社	文学	17	145000
6	恒星的演化:诞生与衰亡	林忠四郎	日冕出版社	科技	17	5500
7	旧中国治安法规选编	戴鸿映	杨柳出版社	政治	22	115000
8	自愿经受大海考验的人	邦巴尔	绿地出版社	文学	14	85000
9	失踪的新娘	卡洛尔	云漠出版社	文学	33	60000
10	爱德华八世和辛普森夫人	史密斯	揭奥出版社	文学	12	120000
11	19世纪的英国	丁俊峰	杨柳出版社	政治	8	145000
12	再见,契普斯先生	希尔顿	星际出版社	文学	20	140000
13	我们怎样发现了彗星	阿西莫夫	岩层出版社	科技	6	11500
14	误差理论	周江文	绿地出版社	科技	22	7000
15	悲惨世界:缩写本	雨果	春风出版社	文学	12	90000
16	微量元素地理学	多布罗沃利	春风出版社	科技	22	5500
17	密探	库柏尔	绿地出版社	文学	49	50000
18	罗曼. 罗兰文钞	罗兰	探索出版社	文学	56	80000
19	世界自然地理	刘德生	星际出版社	科技	48	9000
20	英国文学简史	布拉迈尔斯	舜尧出版社	文学	46	100000
21	陕西自然地理	聂树人	探索出版社	科技	20	11000
22	密室里的较量	诺曼	春风出版社	文学	7	130000
23	地理游艺会	树森	岩层出版社	科技	14	8000
24	地理数学	萨姆纳	星际出版社	科技	16	5500
25	海洋声学	布列霍夫斯	云漠出版社	科技	52	5000
26						
27						
28						

Sheet1　Sheet2　Sheet3　+

图 10-2　出版信息

如果使用 openpyxl 库打开 book. xlsx 文件，则代码如下：

```
#导入 openpyxl 模块
import openpyxl
#打开文件名为"book.xlsx"的 Excel 文件
workbook=openpyxl.load_workbook("book.xlsx")
```

注意：load_workbook( )函数会返回表格对象，该对象可以看作 Excel 文件本身。

10.2.2 读写 Excel 数据

1. 获取单元格中的数据

Excel 表格由多个工作表组成，每个工作表又由多个单元格组成，所以在获取单元格中的数据之前，要先指定工作表。假设出版信息的数据都保存在图 10-2 中的 sheet1 工作表中，那么指定 sheet1 工作表的代码如下：

```
#指定 Excel 文件中的 sheet1 工作表，并将其赋值到 sheet1 变量中
Sheet1 =workbook("sheet1")
```

这样就指定了工作表，相当于打开 book. xlsx 文件后，单击“sheet1”。接下来，读取“sheet1”工作表中单元格的数据。假设要读取 E3 单元格中的数据，则代码如下：

```
#输出 sheet1 中 E3 的数据
print(sheet1["E3"].value)
```

2. 修改单元格中的数据

既然“sheet1["E3"]. value”是 A3 单元格中的数据，那么只需要对其赋值，就可以修改该单元格中的数据。代码如下：

```
#将 E3 单元格的数据修改成 10
Sheet1["E3"].value=10
print(sheet1["33"].value)
```

接下来，学习修改所有行的数据。如果在 book. xlsx 文件中需要将春风出版社的印数提高 20%，只需要遍历 sheet1 工作表中的所有行，在遍历的过程中判断系别中是否为“春风出版社”，若是，则将其印数修改成当前数据乘以 1.2。

但是在遍历前，需要知道 sheet1 工作表的行数，可以使用 sheet1. max_row 返回。

修改春风出版社印数的代码如下：

```
import openpyxl

workbook=openpyxl.load_workbook("book.xlsx")
Sheet1=workbook["sheet1"]
#表格中的第二行是表头，所以从第三行开始遍历
for row_idx in range(3,sheet1.max_row+1):
    if "春风出版社" in sheet1["A"+str[row_idx].value]:
        Num1=float(sheet1["F"]+str[row_idx].value)
        Num1 *=1.2   #印数提高 20%
        Sheet1["F"+str[row_idx]].value=float(Num1)
```

3. 保存修改结果

一般情况下，修改了 Excel 文件中的数据后，需要保存修改结果。在 openpyxl 库中，可以

调用 save( ) 函数保存对 Excel 文件的修改,代码如下:

```
#保存修改后的 Excel 文件
workbook.save('score.xlsx')
```

10.2.3 案例: 批量报表可视化

例 10-1 监考津贴表格制作。

某高校由于人力不足,每逢考试,都会请学生兼职监考。学生每监考一次能获得 120 元监考津贴。小红是该高校的教师,除了日常教学外,每到学期期末,还要统计学生们兼职监考的津贴,然后上报给财务处。于是,小红设计了一个 Excel 表格来记录学生的监考信息,该表格中每个工作表都记录了当天的学生监考信息,如图 10-3 所示。

小红统计时需要记录该表格中每名学生的监考次数,然后乘以 120,得到每名学生的监考津贴。可想而知,人工统计会比较繁琐,而且效率低、易出错。此时,可以尝试使用 openpyxl 库进行编程以解决这个问题。

	A	B	C	D	E	F
1	期末考试安排					
2	序号	班级	科目、考试时间	监考老师	科目、考试时间	监考老师
3			6.1 8:00-9:00		6.2 8:00-9:00	
4	1	6班	语文	王五、赵六	数学	朱七、钱大
5	2	7班	历史	张三、刘二	地理	王五、赵六
6	3	8班	语文	赵四、李四	数学	陈七、孙九
7	4	9班	物理	陈七、孙九	生物	钱大、萧十一
8	5	10班	英语	朱七、钱大	政治	张三、刘二
9						

5.1期末考试安排 5.2期末考试安排 监考津贴统计

图 10-3 监考信息表样例

参考代码

```
import openpyxl
#读取监考安排表
workbook=openpyxl.load_workbook('data.xlsx')
sheet_names=workbook.sheetnames    #获取所有 sheet 的名字,并赋值给 sheet_names
#用于保存学生监考次数的字典,key 表示学生姓名,value 表示监考次数
work_count={}
#遍历所有工作表
for sheet_name in sheet_names:
    sheet=workbook[sheet_name]
    #分别每行统计 D 列和 F 列中的学生姓名
    for row_idx in range(4,sheet.max_row+1):
        teachers=sheet['D'+str(row_idx)].value
        for teacher in teachers.split('、'):
            if teacher not in work_count:
                work_count[teacher]=1
```

```
            else:
                work_count[teacher]+=1
        teachers=sheet['F'+str(row_idx)].value
        for teacher in teachers.split('、'):
            if teacher not in work_count:
                work_count[teacher]=1
            else:
                work_count[teacher]+=1
#创建新的工作表
new_sheet=workbook.create_sheet('监考津贴统计')
new_sheet['A1']='姓名'
new_sheet['B1']='监考次数'
new_sheet['C1']='待发放津贴'
for i,key in enumerate(work_count.keys()):
    new_sheet['A'+str(i+2)]=key
    new_sheet['B'+str(i+2)]=str(work_count[key])
    new_sheet['C' + str(i + 2)]=str(work_count[key] * 120)

workbook.save('data.xlsx')
```

例 10-2 多表合一。

小明是一名高校老师，教授 6 个班，每个班有 60 余名学生，班级名单都在 data 文件夹下，如图 10-4 所示。现需要将所有学生名单及相关信息放在一个 Excel 表格中，进行期末成绩的输入及分析。如何才能将 Excel 表格的数据合并到一张表格中呢？

	A	B	C	D	E
1	学号	姓名	性别	专业	班级
2	20031090144	杨慧婷	女	英语(教师教育方向)	教育A2061班
3	20041010437	周玉珍	女	英语(教师教育方向)	教育A2061班
4	20061060542	彭文凯	男	英语(教师教育方向)	教育A2061班
5	20061080101	于英	女	英语(教师教育方向)	教育A2061班
6	20061080102	潘超男	女	英语(教师教育方向)	教育A2061班
7	20061080103	万雨晴	女	英语(教师教育方向)	教育A2061班
8	20061080104	邓子迅	女	英语(教师教育方向)	教育A2061班
9	20061080105	龚李君	女	英语(教师教育方向)	教育A2061班
10	20061080106	罗丹	女	英语(教师教育方向)	教育A2061班
11	20061080107	程小伟	男	英语(教师教育方向)	教育A2061班
12	20061080108	詹漫漫	女	英语(教师教育方向)	教育A2061班
13	20061080109	冯颖	女	英语(教师教育方向)	教育A2061班
14	20061080110	江思琪	女	英语(教师教育方向)	教育A2061班
15	20061080111	林君茹	女	英语(教师教育方向)	教育A2061班
16	20061080112	刘益平	女	英语(教师教育方向)	教育A2061班
17	20061080113	毛冬仁	女	英语(教师教育方向)	教育A2061班
18	20061080114	陈博海	男	英语(教师教育方向)	教育A2061班
19	20061080115	赖淑婷	女	英语(教师教育方向)	教育A2061班

图 10-4 学生名单样例

解题思路

首先要创建新的 Excel 文件，然后遍历文件夹下所有的文件，最后往新表格里逐行写入数据，保存即可。

参考代码

```
import openpyxl
import os
#创建新文件
new_workbook=openpyxl.Workbook()
#新文件的默认工作表叫 sheet
new_sheet=new_workbook["Sheet"]
#写入表头
new_sheet["A1"]="学号"
new_sheet["B1"]="姓名"
new_sheet["C1"]="性别"
new_sheet["D1"]="专业"
new_sheet["E1"]="班级"
#新文件的数据从第二行开始写入
new_row_idx=2
#遍历 data 文件夹中的所有 Excel 文件
for excel_name in os.listdir("data"):
    #打开待读取的 Excel 文件
    workbook=openpyxl.load_workbook("data/"+excel_name)
    sheet=workbook["sheet1"]
    #写入数据
    for row_idx in range(2,sheet.max_row+1):
        new_sheet["A"+str(new_row_idx)].value=sheet["A"+str(row_idx)].value
        new_sheet["B"+str(new_row_idx)].value=sheet["B"+str(row_idx)].value
        new_sheet["C"+str(new_row_idx)].value=sheet["C"+str(row_idx)].value
        new_sheet["D"+str(new_row_idx)].value=sheet["D"+str(row_idx)].value
        new_sheet["E"+str(new_row_idx)].value=sheet["E"+str(row_idx)].value
        new_row_idx+=1
#保存修改
new_workbook.save("all_data.xlsx")
```

10.3 Word 文档自动化

本节主要讨论如何利用 Python 实现 Word 文档的自动化操作，利用 python-docx 模块，可以创建和修改 Word 文件。

在“命令提示符”窗口执行“pip install python-docx”命令即可安装该模块。

10.3.1 读写 Word 文档

python-docx 模块安装后，就可以导入 docx 模块，然后创建一个 Word 文件。

示例代码

```
import docx
```

```
doc=docx.Document()
doc.save("D://缴费通知单.docx")
```

运行这段代码,然后进入D盘的根目录下,可以发现已经生成了一个名为“缴费通知单.docx”的文件。接下来使用Python代码为Word文件添加内容。

1. 添加标题

通过“add_heading("标题",level)”就可以给Word文件添加标题。

示例代码

```
import docx
doc=docx.Document()
doc.add_heading("标题0",0)
doc.add_heading("标题1",1)
doc.add_heading("标题1",1)
doc.add_heading("标题1",1)
doc.save("D://缴费通知单_addHead.docx")
```

2. 添加文本数据

添加标题之后,可以向Word中添加文本数据。

示例代码

```
import docx
doc=docx.Document()
doc.add_paragraph("Hello World")
doc.add_paragraph("hello python")
doc.save("D://缴费通知单_addText.docx")
```

10.3.2 修改Word文档样式

除了添加普通的文本,还可以对文本进行样式修改。

1. 段落对齐方式设置

当导入docx.enum.text模块中的WD_ALIGN_PARAGRAPH方法后,可以调用它的5种常用属性,完成对齐样式的设置。

(1) WD_ALIGN_PARAGRAPH.LEFT:左对齐设置。

(2) WD_ALIGN_PARAGRAPH.CENTER:居中设置。

(3) WD_ALIGN_PARAGRAPH.RIGHT:右对齐设置。

(4) WD_ALIGN_PARAGRAPH.JUSTIFY:两端对齐设置。

(5) WD_ALIGN_PARAGRAPH.DISTRIBUTE:分散对齐设置。

例如,将标题“缴费通知单”居中对齐,代码如下:

```
import docx
from docx.enum.text import WD_ALIGN_PARAGRAPH #导入docx枚举
```

```
doc=docx.Document()
paragragh=doc.add_paragraph("缴费通知单")
#添加居中属性
paragragh_format=paragragh.paragraph_format("缴费通知单")
paragragh_format.alignment=WD_ALIGN_PARAGRAPH.CENTER

doc.add_paragraph("尊敬的 **** 业主:")
doc.save("D://缴费通知单_addText.docx")
```

2. 缩进

在 Word 中，缩进样式一共有 4 种可选项，分别是首行缩进、悬挂缩进、左缩进和右缩进。在 python-docx 模块中，调用段落对象的 paragraph _ format 属性，会得到一个叫作“ParagraphFormat”的段落格式化对象。该对象有 4 种常见属性。

（1）first_line_indent：首行缩进。

（2）first_line_indent：悬挂缩进，与首行缩进唯一不同的就是将距离设为负。

（3）left_indent：左缩进。

（4）right_indent：右缩进。

由于设置缩进样式，需要进行距离的调整，因此需要导入 Cm()方法。

现在将“缴费通知单”的第一段设置为首行缩进。

示例代码

```
import docx
from docx.shared import Cm
doc=docx.Document()
doc.add_paragraph("尊敬的 *** 业主:")
#设置缩进
paragragh=doc.add_paragraph("感谢您对我们工作给予的支持和配合，现致函提示您位于派森小区 ***房屋 2022.01.01-2022.12.31 期间的物业服务费。请您收到本通知单后 15 日内，至物业公司客服中心缴纳物业服务费用共计 *** 元，感谢您的配合与支持!")
paragragh_format=paragragh.paragraph_format
paragragh_format.first_line_indent=Cm(1)  #设置首行缩进
doc.save("D://缴费通知单_addInches.docx")
```

3. 字体样式设置

在 Python 中，创建的 Word 文件默认使用的是西文字体，而不是中文字体，因此若要修改为中文字体，可以用 font 对象来进行设置。font 对象有 6 种常用属性，可以用于字体样式设置。

（1）run. font. name：字体类型设置。

（2）run. font. color. rgb：字体颜色设置。

（3）run. font. size：字号大小设置。

（4）run. font. bold：是否加粗。

（5）run. font. italic：是否斜体。

（6）run. font. underline：是否加下划线。

字号大小、字体类型和字体颜色的调整可以分别使用 Pt( )、qn( ) 和 RGBColor( ) 方法。现在将“缴费通知单”中的一段话加粗显示。

示例代码

```
import docx
from docx.shared import Cm
from docx.oxml.ns import qn
doc=docx.Document()
#设置中文字体
doc.styles["Normal"].font.name=u"宋体"
doc.styles["Normal"]._element.rPr.rFonts.set(qn("w:eastAsia"),u"宋体")
doc.add_paragraph("尊敬的 *** 业主:")
#设置缩进
paragragh=doc.add_paragragh("")  #在这个段落不添加内容
paragragh_format=paragragh.paragraph_format
paragragh_format.first_line_indent=Cm(1)  #设置首行缩进
#加粗
run=paragragh.add_run("感谢您对我们工作给予的支持和配合,现致函提示您位于派森小区 *** 房屋
2022.01.01-2022.12.31 期间的物业服务费。请您收到本通知单后 15 日内,至物业公司客服中心缴纳物业服务
费用共计 *** 元,感谢您的配合与支持!")
run.bold=True
doc.save("D://缴费通知单_addChinese.docx")
```

10.3.3　案例：批量制作缴费通知单

例 10-3　某社区物业管理公司的员工，为了提醒每位业主缴纳物业费，现在需要批量制作缴费通知单。目前已经汇总了本社区所有业主的物业费用明细（假设业主数据的文件路径为 data/name_list. xlsx），如图 10-5 所示。

	A	B	C	D
1	业主	房屋地址	物业费	
2	张三丰	4号楼一单元101室	6000	
3	李四刚	4号楼一单元102室	5500	
4	王丽英	4号楼一单元201室	6050	
5	尤德义	4号楼一单元202室	5400	
6	伍晓晓	4号楼一单元301室	6250	
7	保安康	4号楼一单元302室	5365	
8	袁升荣	4号楼二单元101室	6855	
9	藤平蓝	4号楼二单元102室	5445	
10	甄思远	4号楼二单元201室	6110	
11	庾瀚漠	4号楼二单元202室	5250	
12	沐同甫	4号楼二单元301室	5652	
13	鄢芷文	4号楼二单元302室	5452	
14	让晓灵	5号楼一单元101室	6595	
15	史如彤	5号楼一单元102室	5252	
16	童香旋	5号楼一单元201室	6220	
17	穰代天	5号楼一单元202室	5333	
18	陆晓晓	5号楼一单元301室	6852	
19	赤锐志	5号楼一单元302室	5963	
20	犁康乐	5号楼二单元101室	6004	
21	粟元瑶	5号楼二单元102室	5500	

Sheet1

图 10-5　业主物业费用明细表

步骤(1):读取 Excel 文件中的业主数据,然后将业主数据批量写入 Word 文件。

① 导入 openpyxl 模块,使用 load_workbook( )函数读取 Excel 文件。

② 读取工作表名为 name 的所有数据。

③ 使用循环将 Excel 文件中的内容保存到 names 列表中。

④ 输出 sheets 列表中的数据。

参考代码

```
#从 Excel 文件中读取业主名字
from openpyxl import load_workbook
wb=load_workbook("data/name_list.xlsx")
ws=wb["name"]  #获取工作表名为 name 的数据
names=[]
#使用循环将数据保存至 names 列表
for row in range(2,ws.max_row+1):
    name=ws["A"+str(row)].value
    address=ws["B"+str(row)].value
    fee=ws["C"+str(row)].value
    names.append("{}{}{}".format(name,address,fee))
print(names)
```

运行结果

```
["张三丰 4 号楼一单元 101 室 6000","李四刚 4 号楼一单元 102 室 5500","王丽英 4 号楼一单元 201 室
6050","尤德义 4 号楼一单元 202 室 5400"]
```

步骤(2):批量生成缴费通知单。

① 在 D 盘下新建一个名为“缴费通知单”的文件夹。

② 在 Excel 文件中获取业主名字。

③ 通过业主数据批量生成缴费通知单。

参考代码

```
import docx
from docx.enum.text import WD_ALIGN_PARAGRAPH
from docx.shared import Cm
from docx.oxml.ns import qn
#为了方便测试,这里手动编写业主的数据
names=["张三丰 4 号楼一单元 101 室 6000","李四刚 4 号楼一单元 102 室 5500","王丽英 4 号楼一单元
201 室 6050","尤德义 4 号楼一单元 202 室 5400"]

#批量生成缴费通知单
for name in names:
    info_list=name.split() #分割客户的数据
    doc=docx.Document()  #创建 Word 文档
    doc.styles["Normal"].font.name=u"微软雅黑"
```

```
        doc.styles["Normal"]._element.rPr.rFonts.set(qn("w:eastAsia"),u"微软雅黑")
        paragragh=doc.add_paragragh()
        run_title=paragraph.add_run("缴费通知单\n")
        run_title.bold=True
        paragragh_format=paragragh.paragraph_format
        paragragh_format.alignment=WD_ALIGN_PARAGRAPH.CENTER
        doc.add_paragraph("尊敬的"+info_list[0]+"业主:")
        paragragh2=doc.add_paragragh()
        paragragh_format2=paragragh2.paragraph_format
        paragragh_format2.first_line_indent=Cm(1)  #设置首行缩进
        run=paragraph2.add_run("感谢您对我们工作给予的支持和配合,现致函提示您位于派森小区房
屋"+info_list[1]+"2022.01.01-2022.12.31 期间的物业服务费。请您收到本通知单后 15 日内,至物业公
司客服中心缴纳物业服务费用共计"+info_list[2]+"元,感谢您的配合与支持!")
        run.bold=True
        paragragh3=doc.add_paragragh()
        paragragh_format3=paragragh3.paragraph_format
        paragragh_format3.first_line_indent=Cm(1)  #设置首行缩进
        doc.add_paragraph("特此通知,祝您新年快乐!")
        paragraph_right=doc.add_paragraph()
        paragragh_format_left=paragragh_right.paragraph_format
        paragragh_format_left.alignment=WD_ALIGN_PARAGRAPH.RIGHT
        run_right=paragraph_right.add_run("北京派森智动物业管理有限公司\n2023 年 1 月 1 日")
        run_right.bold=True
        #保存文件
        doc.save("D://缴费通知单/缴费通知单_"+info_list[0]+".docx")
```

10.4 PPT 演示文稿自动化

在日常工作汇报、年度总结、产品介绍等各种生活与工作场景中,PPT 文件都扮演了非常重要的角色。

对于单个 PPT 文件,可以手动调整格式,制作精美的演示文稿。但是如果需要批量制作多个 PPT 文件,或者从海量 PPT 文件中提取若干信息,就需要借助 Python 编程来实现自动化处理。

要在 Python 中批量处理 PPT 文件,首先要安装 python-pptx 模块,在“命令提示符”窗口执行“pip install python-pptx”命令即可。

10.4.1 读写 PPT 文件

1. 打开和创建 PPT 演示文稿

在 python-pptx 模块中,调用 Presentation()方法,如果不传入任何参数,则表示新建一个 PPT 演示文稿。如果传入一个文件路径参数,则表示读取本地 PPT 演示文稿。

示例代码

```
from pptx import Presentation

prs=Presentation()
prs.save("新 PPT 文档.pptx")
prs=Presentation("6_2.pptx")
prs.save("6_2.pptx")
```

2. 读取 PPT 演示文稿中的文字内容

PPT 演示文稿中文字内容的读取主要通过获取幻灯片、样式、段落实现。

(1) 获取幻灯片。

一个 PPT 往往包含一张或多张幻灯片，每张幻灯片都存放着不同的信息。这样就构成了一个丰富的 PPT。在 python-pptx 模块中，调用文稿对象的 slides 属性，可以返回所有幻灯片组成的可迭代对象。

示例代码

```
from pptx import Presentation

prs=Presentation("6_2.pptx")
slides=prs.slides
for slide in slides:
    print(slide)
prs.save("6_2.pptx")
```

(2) 获取样式。

一张图片、一个表格或一个文本框，都可以被称为一种"样式"。对于既有包含文字的文本框，又有图片的 PPT 文件，该如何获取每个样式对象呢？在 python-pptx 模块中，调用幻灯片对象的 shapes 属性，可以返回所有样式的可迭代对象。

示例代码

```
from pptx import Presentation

prs=Presentation("6_2.pptx")
slides=prs.slides  #获取所有的幻灯片对象
slide=slides[1]
shapes=slide.shapes  #获取所有的样式对象
print(len(shapes))
shape1=shapes[0]
print(shape1)
```

(3) 获取段落。

段落存在于文本框样式中，在获取该样式中的段落之前，首先必须判断该样式是否为文本框样式。在 python-pptx 模块中，调用样式对象的 has_text_frame 属性，可以判断某个样式是否属于文本框样式。如果是文本框样式，则会返回 True，否则，返回 False。

示例代码

```
from pptx import Presentation

prs=Presentation("6_2.pptx")
slides=prs.slides   #获取所有的幻灯片对象
slide=slides[1]
shapes=slide.shapes   #获取所有的样式对象
for shape in shapes:
    if shape.has_text_frame:
        text_frame=shape.text_frame
        paragraph=text_frame.paragraph
        for paragraph in paragraphs:
            print(paragraph.text)
```

3. PPT 演示文稿内容写入

（1）向 PPT 演示文稿中添加新幻灯片。

在 python-pptx 模块中，调用幻灯片对象的 add_slide( )方法，可以添加一个新的幻灯片。

示例代码

```
from pptx import Presentation
prs=Presentation("演示文稿.pptx")
for i in range(3):
    slide_layout=prs.slide_layouts[6]
    prs.slides.add_slide(slide_layout)
prs.save("6_3.pptx")
```

（2）向 PPT 演示文稿中添加新文本框。

在 python-pptx 模块中，调用幻灯片对象的 add_textbox( )方法，可以添加一个新的文本框，其语法格式如下：

```
slide.shapes.add_textbox(left,top,width,height)
```

其中，left、top、width 和 height 分别表示水平位置、垂直位置、宽度和高度。

示例代码

```
from pptx import Presentation
prs=Presentation("6_3.pptx")
slide=prs.slides[0]
slide.placeholders[0].text="这是一个标题"
slide.placeholders[13].text="学习 python,可以自动化操作 ppt"
prs.save("6_3.pptx")
```

除了上面这种向文本框中写入文本的方法外，还可以利用占位符索引在 PPT 演示文稿中添加文本。

示例代码

```
from pptx import Presentation
from pptx.util import Cm
slide=prs.slides[1]
left=top=Cm(3)
width=Cm(20)
height=Cm(5)
shape=slide.shapes.add_textbox(left,top,width,height)
shape.text="新增了一个文本框"
prs.save("6_3.pptx")
```

（3）向 PPT 演示文稿中添加表格。

在 python-pptx 模块中，调用幻灯片对象的 add_table( )方法，可以添加一个新的表格，其语法格式如下：

```
slide.shapes.add_table(rows,cols,left,top,width,height)
```

其中，rows、cols、left、top、width 和 height 分别表示行数、列数、水平位置、垂直位置、宽度和高度。

示例代码

```
from pptx import Presentation
from pptx.util import Cm
prs=Presentation("6_3.pptx")  #打开 6_3 这个 PPT 文件
slide=prs.slides[1]  #选中第 2 张幻灯片
left=Cm(6.93)
top=Cm(6.5)
width=Cm(20)
height=Cm(9)
slide.shapes.add_table(rows=5,cols=4,left=left,top=top,width=width,height=height)
#在指定位置添加了一个 5 行 4 列的空表格
prs.save("6_3.pptx")
```

除了上面这种方法，还可以利用占位符索引在 PPT 演示文稿中添加表格。

示例代码

```
from pptx import Presentation
prs=Presentation("6_3.pptx")
slide=prs.slides[0]
slide.placeholders[14].insert_table(7,3)
prs.save("6_3.pptx")
```

10.4.2　案例：批量制作电子奖状

例 10-4　假设某高中班主任在某个学期结束之际，需要为班上的 50 名同学分别制作电子奖状。如图 10-6 所示，学生信息表中包括“姓名”列和待表彰的“称号”列。如何利用这些信息，批量制作 50 份 PPT 电子奖状呢？

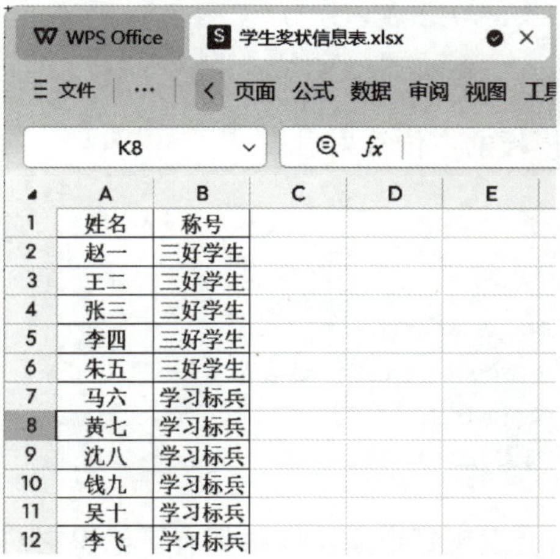

图 10-6　学生信息表

步骤(1)：自定义幻灯片模板。

首先设计一张图片用作模板背景。接着，新建一个 PPT 演示文稿，利用“幻灯片母版”选项卡新增一个自定义版式，并将准备好的图片插入版式中，同时在不同位置插入对应的占位符。每个位置需要输入对应的文本，并调整好字体、颜色等格式。完成一系列设计操作后，单击“关闭母版视图”按钮，并将该 PPT 文件保存到本地。模板如图 10-7 所示。

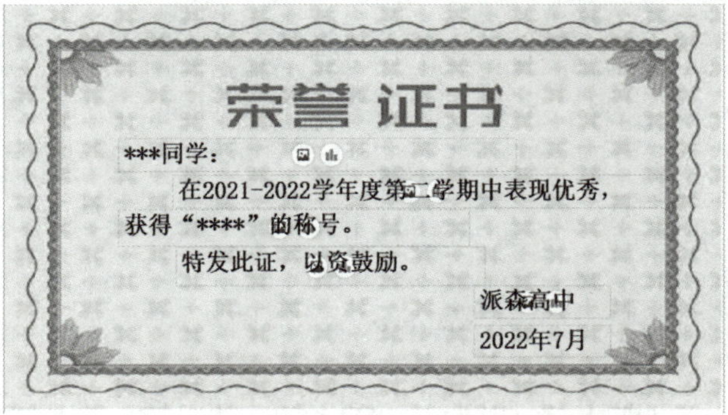

图 10-7　模板

步骤(2)：导入模块并读取相关文件。

导入所有需要使用的 Python 模块，并读取所需的 PPT 文件和 Excel 文件。同时在当前工作目录下创建一个空文件夹，用于存储后续生成的 PPT 奖状。

参考代码

```
import os
import pandsas as pd
from pptx import presentation

prs=Presentation("奖状模板.pptx")
df=pd.read_excel("学生奖状信息表格.xlsx")
os.mkdir("奖状文件夹")    #后续生成的奖状,都存放在此文件夹下
```

步骤(3):获取幻灯片模板的占位符索引。

参考代码

```
slide=prs.slides[0]
for placeholder in slide.placeholders:
    idx_=placeholder.placeholder_format.idx
    placeholder.text=f"{idx_}"
prs.save("奖状模板_占位符索引.pptx")
```

打开生成的 PPT 文件,会发现每个文本框中都有了标识它们自身的索引。

步骤(4):数据填充。

通过每个位置的占位符索引就可以获取不同位置的占位符对象,并将相应的内容插入指定位置中。

参考代码

```
prs=Presentation("奖状模板.pptx")
slide=prs.slides[0]

for i in range(df.shape[0]):
    slide.placeholders[13].text=f"{df.loc[i,:]['姓名']}同学:"
    slide.placeholders[14].text=f"在 2021-2022 学年度第二学期中表现优秀"
    slide.placeholders[15].text=f"获得'{df.loc[i,:]['称号']}'的称号"
    slide.placeholders[16].text="{特发此证,以资鼓励。"
    slide.placeholders[17].text="派森高中"
    slide.placeholders[18].text="2022 年 7 月"
prs.save(f"./奖状文件夹/奖状-{df.loc[i,:]['姓名']}同学.pptx")
```

在上述程序中,df. shape[0]返回的是 Excel 表格中的行数,每循环一次,将数据写入不同的占位符处,一共是 6 个位置。

本章总结

本章介绍了 Python 自动化办公的基本操作流程,如何运用多种不同的第三方库,包括 openpyxl、pandas、python-docx、python-ppt 等,以及如何用 Python 批量处理 Excel、Word、PPT 文件,提高学习和工作的效率。

课后习题

生成随机的测验试卷文件:假如某位地理老师负责的班级共有 30 名学生。现该教师准备进行关于中国各省会的小测验,为了让学生可以多次练习,要求 30 份试卷中的问题次序随机排列。

参考文献

[1] 唐永华,刘德山,李玲. Python3 程序设计[M]. 北京:人民邮电出版社,2018.
[2] 袁方,肖胜刚,齐鸿志. Python 语言程序设计[M]. 北京:清华大学出版社,2019.
[3] 埃里克·马瑟斯. Python 编程:从入门到实践[M]. 3 版. 北京:人民邮电出版社,2023.
[4] 董付国. Python 程序设计基础与应用[M]. 北京:机械工业出版社,2022.
[5] 王雷春. Python 程序设计——从基础入门到实战应用[M]. 北京:电子工业出版社,2019.
[6] 王斌会,王术. Python 数据分析基础教程——数据可视化[M]. 北京:电子工业出版社,2020.
[7] 董付国. 大数据的 Python 基础[M]. 北京:机械工业出版社,2019.
[8] 吴伶琳. Python 语言程序设计基础[M]. 大连:大连理工大学出版社,2019.
[9] 刘庆,姚丽娜,余美华. Python 编程案例教程[M]. 北京:航空工业出版社,2018.
[10] 董付国. Python 程序设计实用教程[M]. 北京:北京邮电大学出版社,2020.
[11] 江红,余青松. Python 程序设计与算法基础教程[M]. 北京:清华大学出版社,2023.
[12] 高登. Python 基础与办公自动化应用(微课版)[M]. 北京:人民邮电出版社,2022.
[13] 黄伟,朱鹏伟. 快学 Python:自动化办公轻松实战[M]. 北京:电子工业出版社,2022.
[14] 李挺. Python 办公自动化从入门到精通[M]. 北京:人民邮电出版社,2023.